Krüger . Führen. Jetzt!

Führen. Jetzt!
Leadership in stürmischen Zeiten

Wolfgang Krüger

Haufe Mediengruppe
Freiburg · Berlin · München

Bibliografische Information der Deutschen Nationalbibliothek

Die Deutsche Bibliothek verzeichnet diese Publikation in der Deutschen Nationalbibliographie; detaillierte bibliographische Daten sind im Internet über http://dnb.ddb.de abrufbar.

ISBN: 978-3-448-10012-9 Bestell-Nr. 00256-0001

1. Auflage 2009

Niederlassung München
Redaktionsanschrift: Postfach, 82142 Planegg/München
Hausanschrift: Fraunhoferstraße 5, 82152 Planegg/München
Telefon: (089) 895 17-0
Telefax: (089) 895 17-290
www.haufe.de
online@haufe.de
Produktmanagement: Bettina Noé

Lektorat: Corina Alt, Publicate, Berlin
Desktop-Publishing: Agentur: Satz & Zeichen
Umschlag: Grafikhaus, München
Druck: Schätzl Druck, 86609 Donauwörth

Zur Herstellung dieses Buches wurde alterungsbeständiges Papier verwendet.

Inhalt

Führen in stürmischen Zeiten – Pragmatismus statt Panik

Einleitung

In diesem Buch soll nicht die heile Welt erläutert werden, in der in wirtschaftlich schwierigen Zeiten warmherzige Unternehmer und verantwortungsbewusste Manager mit weitsichtigen Betriebs- und Personalräten für das Wohl hingebungsvoller Mitarbeiter konstruktiv zusammenarbeiten. Das wäre zu schön. Denn in der rauen Wirklichkeit können sich weder Mitarbeiter für Warmherzigkeit etwas kaufen, noch haben sich Manager in den letzten Jahren durchweg als besonders vertrauenswürdig erwiesen. Betriebs- und Personalräte neigen nicht immer zu Weitsichtigkeit, wenn es hart auf hart kommt, und Mitarbeiter würden – dafür gibt es Beispiele – sogar die Maschinen verkaufen, an denen sie arbeiten, wenn davon ihr Lohn bezahlt wird. Wirtschaftsleben ist auch Verteilungskampf, und der wird in der Krise härter.

In schwierigen Zeiten verfallen Führungskräfte in Unternehmen, ob sie nun von der Krise kalt erwischt wurden oder ob sie relativ gut da stehen, häufig in Panik. Reflexartig wird bei rückläufigen Auftragseingängen an der Personalschraube gedreht. Personalfachleute tauchen ab in die Administration von Kurzarbeit und Personalabbau. Förderprogramme werden abrupt gestoppt. Die Krise der Wirtschaft ist auch die Krise in den Köpfen der Eigner und Manager. Ansätze und Konzepte, die sowohl auf Personalkostensenkung als auch auf den Erhalt der Leistung und die Motivation der Mitarbeiter und Mitarbeiterinnen zielen, sind in der Wirtschaft nur wenig verbreitet.

In diesem Buch beschreiben wir Schritt für Schritt, wie in stürmischen Zeiten pragmatisch statt panisch geführt werden kann. Es enthält ein Plädoyer dafür, trotz des „Abbaus“, den

„Aufbau“ und den „Erhalt“ der Humanressourcen im Auge zu behalten und sie gezielt einzusetzen. Dabei geht es nicht um gefällige Personalprogramme, sondern um wirksame Maßnahmen zur Steigerung von Effizienz und Effektivität. Es werden Wege aufgezeigt, wie die Leistung des Unternehmens nicht gegen die Mitarbeiter, sondern mit ihnen optimiert werden kann. Weder das Spiel mit der Angst, noch die Schmusemasche stehen auf dem Programm.

Wir wenden uns mit diesem Buch an Unternehmer, die – ob warmherzig oder nicht – bereit sind, Durststrecken mit diversen Maßnahmen zu überstehen und notfalls auch das Privatvermögen einzusetzen, um das Überleben des Unternehmens zu ermöglichen. Wir wenden uns an Manager, auf die es ankommt, damit intelligente Personalprogramme umgesetzt werden können. Wir wenden uns auch an Betriebs- und Personalräte und an die Mitarbeiter, die bereit sind, Opfer zu bringen und mit maßgeschneiderten Programmen den Erhalt des Betriebes mitzugestalten und mit zu *unternehmen.*

Krisenprophylaxe

Personal wird allgemein als betrieblicher „Aufwand“ und nicht als „Investition“ verbucht. Das bringt eine Fixierung der Investoren und Entscheider auf das dort schlummernde Kostensenkungspotenzial mit sich. Zweifelsohne muss hier gerade in schwierigen Zeiten hart gespart werden. Zugleich muss aber auch der gesamte unternehmerische Aktionsradius der „Krisenprophylaxe“ in den Blick genommen werden, um schon jetzt dafür zu sorgen, dass beim nächsten Umsatzrückgang nicht wieder Panik um sich greift.
Um eine wirksame Krisenprophylaxe vorzunehmen, muss man die Symptome und die Ursachen kennen. Die folgenden Szenarien verdeutlichen die Wechselwirkungen zwischen konjunkturellen, zyklischen Einflüssen und „hausgemachten“ Problemen bei der Entstehung unternehmerischer Krisen. Um gegen diese

Krisen gewappnet zu sein, wird eine integrierte Ziel- und Kostenplanung empfohlen, die sowohl den Markt mit den Möglichkeiten als auch die Kosten im Blick hat.

Krisenszenarien

Haben Unternehmen es versäumt, oder war es ihnen – aus welchen Gründen auch immer – nicht möglich, durch ein ausgewogenes Investitions- und Kostenmanagement und die Bildung einer auskömmlichen Eigenkapitaldecke den Betrieb für stürmische Zeiten wetterfest zu machen, dann werden sie von der Krise voll erwischt. Dabei sind Wirtschaftszyklen immer wiederkehrende Phänomene einzelner Volkswirtschaften und der Weltwirtschaft. Jede Krise zeigt eigene Ausformungen und Schwerpunkte. Zu den zyklischen Bewegungen gehört regelhaft auch, dass nach der Rezession, die von einigen Monaten bis zu drei Jahren dauern kann, ein Aufschwung erfolgt, wie die Abbildung 1 idealtypisch zeigt. Dabei schwanken die Wirtschaftsindikatoren Produktion, Preise, Löhne, Arbeitslosigkeit relativ gleichförmig in Abhängigkeit von der jeweiligen Phase des Zyklus (vgl. Abbildung 2).

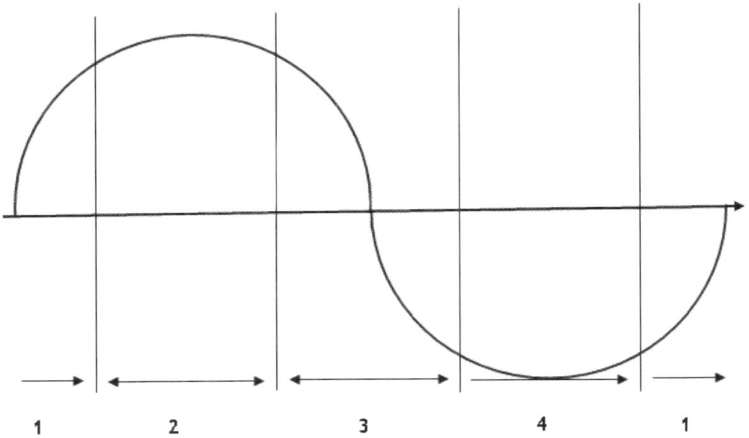

Abbildung 1: Idealtypischer Verlauf von Wirtschaftszyklen

Indikatoren	**Phase 2 Boom**	**Phase 3 Ab-schwung/ Rezession**	**Phase 4 Krise/ Depressi-on**	**Phase 1 Auf-schwung**
Produktion	Hoch	Sinkend	Tiefstand	Steigend
Preise	Hoch	Sinkend	Tiefstand	Steigend
Löhne	Hoch	Sinkend	Tiefstand	Steigend
Arbeitslosigkeit	Niedrig	Steigend	Hoch	Sinkend

Abbildung 2: Veränderung der Wirtschaftsindikatoren in den einzelnen Phasen

Auch wenn Art, Umfang und Ursachen solcher Zyklen unterschiedlich sind und makroökonomische Prognosen schwanken, bedeutet die Zyklenbewegung der Wirtschaft für die Unternehmensführung, sich permanent auch für diesen Ernstfall zu rüsten. Dieses gilt in allen Lebensphasen eines Unternehmens.
Auch Unternehmen haben einen Lebenszyklus – allerdings nicht biologisch bedingt. Idealtypisch beginnt der Lebenszyklus mit der „Gründung", gefolgt von der „Wachstumsphase" und der „Reifephase". Das „Leben" eines Unternehmens kann mit seinem „Niedergang" und dem „Exitus" enden. Allerdings droht in jeder Phase der Unternehmensentwicklung aus internen und externen Gründen der plötzliche Tod infolge mangelnder Liquidität – oder eine schleichende Agonie aufgrund von Überschuldung und fehlender Liquidität. Es hängt ganz entscheidend von der Lern- und Anpassungsfähigkeit der jeweiligen Unternehmen ab, ob sie interne Krisen und wirtschaftliche Zyklen überleben und ob sie fünf Jahre, 20 Jahre, 100 Jahre oder gar noch älter werden.
Wie anfällig Unternehmen in ihren unterschiedlichen Entwicklungsphasen für äußere, zyklische Einflüsse sind, kann exemplarisch an der Entwicklung des frei verfügbaren Kapitals (Cashflow) aufgezeigt werden (vgl. Abbildung 3).

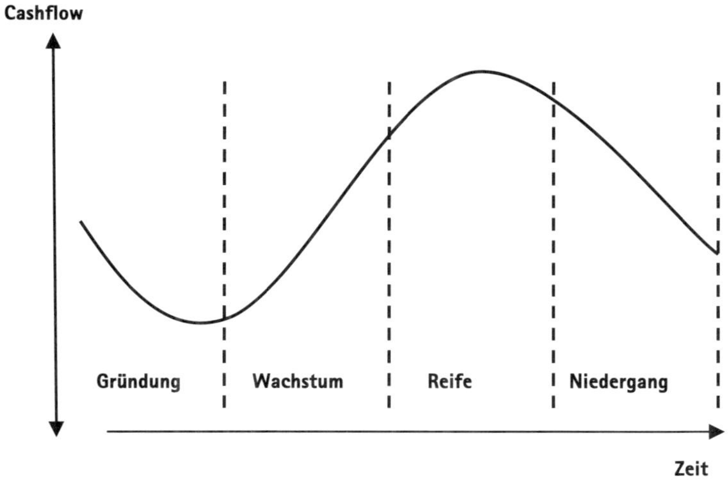

Abbildung 3: Unternehmenslebenszyklus und Cashflow-Entwicklung nach Paul 2004

In der Abbildung 3 wird die idealtypische Entwicklung des Cashflows innerhalb des gesamten Lebenszyklus eines Unternehmens abgebildet. Demnach ist die Gründungs- und Einführungsphase durch ein negatives Wachstum des Cashflows mit drohendem Niedergang und drohender Zwangsliquidation gekennzeichnet. Kehrt sich der Trend um, kann von einer beginnenden Wachstumsphase gesprochen werden – wenn auch noch mit einem negativen Cashflow. Setzt sich der Trend fort und wird über einen längeren Zeitraum ein positiver Cashflow erwirtschaftet, kann von einem nachhaltigen Wachstum gesprochen werden. Diese Phase kann jederzeit durch kürzere Wachstumsdellen unterbrochen werden, an deren Ende der Trend wieder in Richtung Wachstum gehen kann. Setzt sich der Abwärtstrend fort, droht der Niedergang, die Degeneration des gesamten Unternehmens und schließlich dessen „Tod".

Neben den zyklisch bedingten Krisen kommen Unternehmen aber häufig auch durch eigenes „Verschulden" – aufgrund von Führungsfehlern und menschlichen Unzulänglichkeiten – in den Sturm, wobei konjunkturelle Einflüsse oder größere Krisen den Problemdruck nur noch erhöhen und den Prozess abkürzen.

Als unternehmerische Krisen lassen sich drei Typen unterscheiden, die sehr häufig einander bedingen und sich zeitlich aneinanderreihen:

- strategische Krisen
- Ertragskrisen
- Liquiditätskrisen

Beispiel: AgfaPhoto GmbH

Am 20. Mai 2005 stellte die AgfaPhoto GmbH überraschend beim Amtsgericht Köln den Antrag auf Eröffnung des Insolvenzverfahrens. Bis dahin war das Unternehmen von externen Beobachtern stets als solide eingeschätzt worden. Laut Presseberichten war dem Film- und Fotopapierhersteller der Boom der Digitalfotografie und der damit verbundene Preisverfall im Filmbereich sowie die unzureichende Liquiditätsausstattung des übertragenen Geschäftsbereichs zum Verhängnis geworden.

Was sind nun mögliche Krisensymptome, auf die die Unternehmensführung reagieren muss bzw. deren Entstehung „prophylaktisch“ vermieden werden soll?

Typische Symptome einer „strategischen Krise“ können sein:

- rückläufige Auftragseingänge/-bestände
- unausgelastete Produktions-/Dienstleistungskapazitäten
- dauerhafte Umsatzrückgänge
- sinkende Marktanteile

Typische Symptome einer „Ertragskrise“ können sein:

- Verschlechterungen im operativen Geschäftsergebnis
- stetig wachsende Bank- und Lieferantenverbindlichkeiten
- höhere Aufwendungen für Skonti und Boni zur Absatzstimulation

- steigende Fluktuation von Fach- und Führungskräften
- zunehmender Ressourcenmangel

Typische Symptome einer „Liquiditätskrise“ können sein:
- dauerhaft überzogene Kreditlinien
- häufiger Zahlungsverzug
- steigender Informationsbedarf bei den Kreditgebern

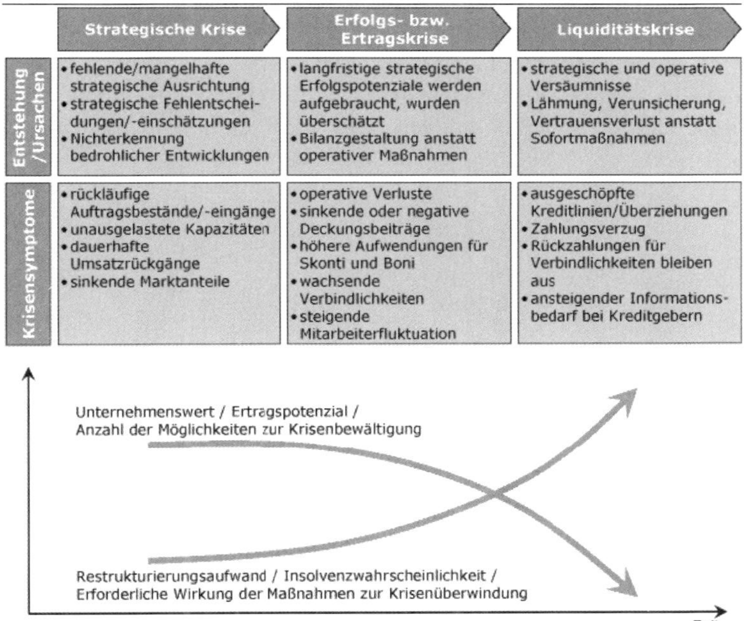

Abbildung 4: Entstehung und Symptome einer Unternehmenskrise, aus: Hölscher/Hornbach 2008

Je weiter die Unternehmenskrise vorangeschritten ist, desto geringer sind der Firmenwert und die Veräußerungschance und desto größer wird der erforderliche Restrukturierungsaufwand (vgl. Abbildung 4).

Integrierte Ziel- und Kostenplanung

Um Marktchancen nicht zu verpassen und gleichzeitig krisenbewusst die Kosten im Griff zu behalten, ist eine Doppelstrategie erforderlich:

- eine offensive Suche nach Wettbewerbsvorteilen mit entsprechenden Investitionen
- ein in die Zielplanung integriertes Kostenmanagement

Beides wird in deutschen Betrieben zu wenig systematisch betrieben.

Beispiel: Sparen am Kopierpapier

In einem mittelständischen Maschinenbauunternehmen läuten die Alarmglocken: Trotz guter Absatzzahlen, voller Auftragsbücher und einer gut ausgelasteten Produktion im Dreischichtbetrieb schreibt das Unternehmen im dritten Quartal in Folge rote Zahlen. Offensichtlich sind die Kosten aus dem Ruder gelaufen. Der geschäftsführende Hauptgesellschafter ist alarmiert und verkündet seinen leitenden Mitarbeitern ein Sparprogramm, das er über Nacht erarbeitet hat:

„Keine Personaleinstellungen – Stornierung aller Ersatz- und Neubeschaffungen – keine Dienstreisen – das geplante Betriebsfest fällt aus – Kopierpapier wird rationiert und zugeteilt – Die Deckenbeleuchtung wird teilweise ausgeschaltet – die Heizung wird in den Büros um 2° C abgesenkt usw."

Unrealistisch und übertrieben? Weit gefehlt. Viele mittelständische Unternehmen in Deutschland verzichten sowohl auf ein kontinuierliches Kostenmanagement als auch auf temporäre Projekte, um Kostentreiber aufzustöbern und unschädlich zu machen. Vielmehr reagieren viele Unternehmensleiter auf die Hiobsbotschaften aus dem Rechnungswesen hektisch und kopflos mit zumeist unglaubwürdigen und unwirksamen „Kostensparprogrammen“, wie in dem oben angeführten Beispiel. Es werden kurzfristig irgendwelche Einsparungen vorgenommen, ohne die Ursachen zu kennen und die Kostentreiber wirklich an den Wurzeln zu packen.

Andere Unternehmen haben sich das „Kostenmanagement“ auf die Fahnen geschrieben und handeln auch danach:

- Diese Unternehmen senken nicht die Kosten, weil sie kurzfristig auf eine Wirtschaftsflaute, eine Verschärfung des Wettbewerbs oder interne Krisen reagieren wollen, sondern sie betrachten die Kostenkontrolle als strategische und dauerhafte Aufgabe.
- Diese Unternehmen überprüfen ihre interne Wertschöpfungskette und produzieren ihre Waren dann kostengünstiger als ihre Konkurrenten. Das schlägt sich in einer höheren Rentabilität und einem potenziell höheren Cashflow nieder.

Die Unternehmen mit systematischem Kostenmanagement konzentrieren sich nicht nur auf die Kostensenkung an sich, sondern sie überprüfen die betriebliche Wertschöpfungskette des Unternehmens. Sie nehmen sämtliche Aktivitäten unter die Lupe, die zur Herstellung ihrer Produkte oder Erbringung ihrer Dienstleistungen erforderlich sind:

- Sie optimieren die Wirtschaftlichkeit der betrieblichen Einrichtungen und Ressourcen.
- Sie erzielen Einsparungen durch eine strikte Kontrolle der Arbeitsabläufe und die Trennung von unwichtigen Kunden.
- Sie schrauben die Ausgaben in vielen Bereichen zurück, ohne sie ganz zu streichen und steigern die Effizienz und Effektivität.

Wie das Kostenmanagement betrieben werden soll, richtet sich nach der Branche und der jeweiligen Wettbewerbssituation. Kostenmanagement wird auch deshalb immer wichtiger, weil immer mehr Produkte und Dienstleistungen als Massenware wahrgenommen werden.

Aktionsfeld Massenware

Bewegt sich das Unternehmen – als eines unter vielen – auf Absatzmärkten, auf denen die Waren als austauschbare Massenprodukte wahrgenommen werden, wie elektronische Geräte oder standardisierte Dienstleistungen, muss das Unternehmen konsequent nach Kostenführerschaft streben – andere Wettbewerbsvorteile sind nicht in Sicht.

Aktionsfeld Nischenmarkt

Bewegt sich ein Unternehmen mit einer spezifischen Kernkompetenz und besonderen Produkten in einem Nischenmarkt und steht dabei in einer überschaubaren Wettbewerbssituation, sollte systematisches Kostenmanagement als Daueraufgabe betrachtet und zum Beispiel im Controlling angesiedelt werden.

Dennoch setzen Unternehmen auch bei einer kostenbewussten Unternehmensführung unmerklich Fett an, beschäftigen sich mit vagabundierenden Aufgaben und werden in ihren Prozessen träge. Was hilft, sind thematisch und zeitlich begrenzte Projekte mit externer Beteiligung, um schnell und wirksam ohne Behinderung durch das interne organisatorische und personelle Beziehungs- und Gefälligkeitsgestrüpp Kosteneinsparungen zu erwirtschaften.

Integration von Zielplanung und Kostenmanagement

Kostenmanagement kann nicht losgelöst von den sonstigen Planungs- und Steuerungsprozessen eines Unternehmens funktionieren. Vielmehr müssen alle aus der Unternehmensstrategie abgeleiteten Teilziele und Maßnahmen jeweils auch unter Kostenoptimierungsgesichtspunkten in den Planungs- und Realisierungsprozess einbezogen werden – ein komplexer Vorgang also.

Ein Hilfsinstrument hierfür ist die „Balanced Scorecard" („Ausgewogene Ergebnisdarstellung"). Dabei handelt es sich um ein Planungs- und Steuerungsmodell, in dem vor dem Hintergrund eines Leitbilds und einer Unternehmensstrategie Ziele und Messkennziffern in den Unternehmensperspektiven

- Markt,
- Organisation,
- Personal, und
- Finanzen

gebildet und aufeinander abgestimmt werden.

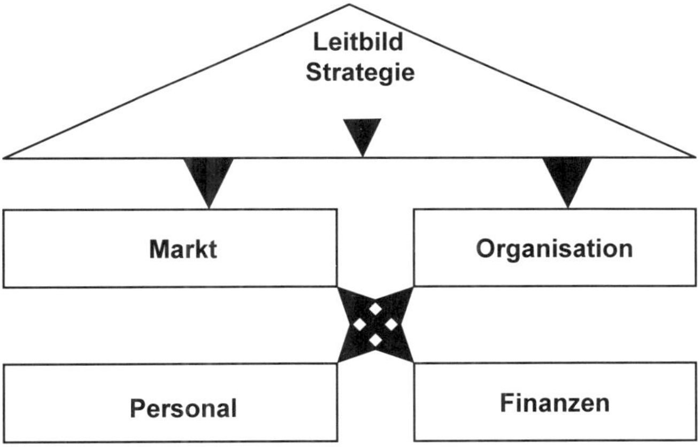

Abbildung 5: Vier Perspektiven der Unternehmensführung nach Friedag/Schmidt 2002

Wie Unternehmensziele mit dem Kostenmanagement verbunden werden können, vermittelt der folgende Überblick:

Perspektiven	Unternehmensziele	Kostenmanagement
Markt		
Marktforschung	Optimale Marktpositionierung durch Kundenbedarfsanalyse und Wettbewerbervergleich	Schlankes Untersuchungsdesign, operativ schnell verwertbare Marktkennzahlen, Bedarfstrends und Benchmarks
Geschäftsfeldoptimierung	Ausgewogenes Produktportfolio (Absatz, DB, Entwicklungspotenzial)	Reduktion der Produkt- und Kundenvielfalt

Perspektiven	**Unternehmensziele**	**Kostenmanagement**
Produkt-entwicklung	Optimierung der Markt-position durch Produkt-innovation, Sicherung der Ertragssituation durch Erneuerung des Produkt-portfolios	Beschleunigung des Zyklus von der Entwick-lung bis zur Markteinfüh-rung (Time to Market)
Vertriebs-steuerung	Gewinnen und Halten lukrativer Kunden über effiziente Vertriebswege mit möglichst geringen Vertriebskosten	Plan-Ist-Vergleich: Preis- und Mengeneffek-te, Umsatzabweichung, kunden-, produkt- und vertriebswegebezogene Deckungsbeiträge
Einkaufs-steuerung	Schnelle, flexible, konstante und fehlerfreie Bereitstellung von Mate-rialen und Waren „just in time" zu möglichst gerin-gen Einstandspreisen	Senkung der Kapital-bindungs- und Betriebs-kosten
Organisation		
Aufbau-organisation	Effektive Aufgaben-erfüllung (die richtigen Dinge tun) bei minimaler Gliederungsbreite (hori-zontal) und minimaler Gliederungstiefe (vertikal)	Prüfung des Wertschöp-fungsbeitrags einzelner Stellen und Einheiten, Kapazitätssteuerung über Mengen und Zeiten, Schnittstellenbereinigung
Ablauf-organisation	Effiziente Aufgabenerfül-lung (die Dinge richtig tun) – schnell, störungs-frei und kundenorientiert	Kernprozesse identifizie-ren, Durchlaufzeiten reduzieren
Produktion	Optimierung der Personal- und Maschineneffizienz bei niedrigen Beständen und niedrigem Flächen-bedarf, schnellen Fertigungsdurchlaufzeiten und geringem Ausschuss	Überprüfung von Kapital-bindungskosten und Liquidität, von Mietkosten und Fehlerkosten

Perspektiven	Unternehmensziele	Kostenmanagement
Qualitätsmanagement	Nutzung eines wirksamen Qualitätsmanagementsystems	Feinjustierung des Aufwands für Personal, Schulung und Auditierung
Personal		
Beschaffung	Das richtige Personal zur richtigen Zeit	Beschaffungskosten minimieren, Fluktuationskosten vermeiden
Entwicklung	Potenziale fördern, wo möglich und nötig	ROI von Entwicklungsmaßnahmen berechnen und realisieren
Personalwirtschaft	Effektiver Einsatz der Ressourcen Arbeit, Geld und Zeit	Vergütung flexibilisieren und variabilisieren, Arbeitszeit flexibilisieren
Finanzen		
Liquiditätssteuerung	Sicherung der kurz- und mittelfristigen Zahlungsfähigkeit	Vermeidung von Finanzierungskosten durch Planung und Überwachung der Finanzströme und aktives Forderungsmanagement
Fremdfinanzierung	Sicherung der mittel- bis langfristigen Finanzierung zu günstigen Konditionen	Finanzierung unter Steuer- und Kostenaspekten optimieren (z. B. Mezzanine Finanzierungen), Kreditkosten senken durch Verbesserung des Ratings

Abbildung 6: Integrierte Ziel- und Kostenplanung nach dem Modell der Balanced Scorecard

Fokus Personal

In den folgenden Kapiteln werden wir darstellen, wie – bei aller Kostendisziplin – Führungskräfte und Mitarbeiter fit gemacht werden können, um gerade in stürmischen Zeiten zur Höchstform aufzulaufen. Dabei gehen wir immer von einer konkreten

Problemstellung und ihrer krisenhaften Akzentuierung aus. Daran schließen sich Lösungsvorschläge an, die zum Teil mit einem speziellen Instrumentarium versehen sind. Wie man die Lösungsvorschläge pragmatisch umsetzt, wird dann jeweils zum Abschluss eines Kapitels erläutert.

Die Themen sind:

- Neuaufstellung des Managements
- konsequentes Management des Personalportfolios
- Umgang mit dem Phänomen des „Präsentismus"
- Restrukturierung und Produktivitätssteigerung mit Hilfe der Mitarbeiter
- Entwicklung von Turboteams
- Flexibilisierung von Zielen und Aufgaben
- Flexibilisierung und Variabilisierung der Ressourcen Zeit und Entgelt
- Gewinnung der Talente von morgen

Auf das Können kommt es an – Führung

Zusammenfassung

Führungskräfte sind in kritischen Phasen der Unternehmensentwicklung und in einem schwierigen wirtschaftlichen Umfeld besonders gefordert. Dabei kommt es bei Führungskräften darauf an, dass sie über ein generalistisches oder spezialisiertes Managementkönnen verfügen, das an konkreten Resultaten, die aus der Krise herausführen, gemessen werden kann. Mit dem „Management-Monitor“ wird ein Instrument vorgestellt, das es möglich macht, in einer einfachen Selbst- bzw. Fremdbewertung resultatsorientierte Verhaltensweisen in den wichtigen vier betriebswirtschaftlichen Handlungsfeldern einzuschätzen. Für die Unternehmensleitung dient das Instrument insbesondere dazu, mit Hilfe eines Führungskräfte-Portfolios ein Managementteam zusammenzustellen, das sich in seinen Stärken ergänzt.

Problemstellung

„Wie konnte es so weit kommen, dass die größten und schnellsten Schiffe, die jemals das Meer befuhren, von Kapitänen gesteuert werden, die plötzlich überrascht feststellen, dass das Meer launisch ist, mehr noch: dass sie eigentlich auf hoher See sind, statt dort, wo sie sich immer noch wähnen – in ruhigen Binnengewässern. Wie kamen all die Süßwasserkapitäne vom Steinhuder Meer in den stürmischen Atlantik?“ (Lotter 2006, S. 51).

In stürmischen Zeiten erweist sich, ob Führungskräfte nur für den Einsatz in Schönwetterperioden geeignet sind, oder ob sie auch bei rauer See Kurs halten und das Unternehmensschiff vor dem Untergang bewahren können. Gerade in Belastungsphasen

zeigt sich, was sie wirklich können und welche Resultate dieses Können zeitigt.
Im Verlauf der Finanz- und Wirtschaftskrise wurden Manager in der Öffentlichkeit zunehmend als unfähig, gierig und verlogen beschimpft. Dieses ist an den Führungskräften nicht spurlos vorübergegangen. In einer Befragung von 1.000 Führungskräften aller Branchen im Frühjahr 2009 äußerte die Mehrheit der Befragten bekümmert, dass sich ihr Image drastisch verschlechtert habe, der Leistungsdruck wachse und die Kritik an ihnen von allen Seiten zunehme (Nienhaus 2009).
Vor wenigen Jahren haben sich einige junge Führungskräfte und Unternehmen zur „Initiative Werte – Bewusste Führung“ zusammengeschlossen, um eine neue Führungskultur in der deutschen Wirtschaft zu begründen und einem Verlust an Glaubwürdigkeit entgegenzuwirken. Diese „Wertekommission“ hat sechs „Kernwerte“ für ein neues Führungsverständnis definiert:

- Nachhaltigkeit
- Integrität
- Vertrauen
- Verantwortung
- Mut
- Respekt

Dieselbe Wertekommission hat im Frühjahr 2009 die Ergebnisse ihrer Führungskräftebefragung veröffentlicht – sie sind ernüchternd. Zwar geben 80 % der Befragten an, ihr Unternehmen verfüge über einen formal festgelegten internen Wertekanon, doch bei dessen Berücksichtigung im Betriebsalltag sei die Lücke zwischen Anspruch und Wirklichkeit sehr groß. Mehr als zwei Drittel der befragten jungen Führungskräfte geben an, keine werteorientierte Führung durch das Topmanagement zu erleben (Wertekommission 2009).

Leitbilder sind Schall und Rauch

Wertekonzepte und Leitbilder entpuppen sich bei näherem Hinsehen entweder als lästige Pflichtübung oder als Marketinggag. Diese Ansätze sind nicht dazu geeignet, ein krisenfestes Management zu installieren.

Die Führungskräfte sind verunsichert, die Öffentlichkeit ist ratlos – keine guten Startbedingungen, um aus der Krise herauszukommen.

Mit neuer Dringlichkeit stellt sich daher die altbekannte Frage, wie sich die „Krisenfestigkeit" von Führungskräften, also ihr Handeln in einem komplexen Wirkungsfeld, überprüfen und bewerten lässt. Zahlreiche Ansätze der Management-Auditierung gehen von „Eigenschaften" und „Kompetenzen" aus und verwenden viel Energie darauf, diese bei der Auswahl bzw. Weiterentwicklung von Führungskräften durch Testverfahren zu ermitteln. Bei dieser Vorgehensweise lassen sich nach Henning Böhne (2007) sieben generelle Missverständnisse und Irrtümer identifizieren:

- Es werden künstliche Situationen, praxisferne Simulationen oder gestellte Rollenspiele eingesetzt.
- Es werden standardisierte Anforderungs- und Kompetenzprofile mit fragwürdigen Kriterien benutzt.
- Es dominieren psychologische, eigenschafts- bzw. persönlichkeitsorientierte Ansätze.
- Die Verfahren sind zumeist befragungs- und nicht beobachtungsorientiert.
- Die Verfahren stellen wenig oder gar keinen Bezug zur konkreten Arbeitspraxis her.
- In den Verfahren dominiert eine Orientierung an Schwächen statt an Stärken.
- Eine gute Rhetorik der Kandidaten erhöht die Chance, auch gute Ergebnisse zu erzielen. Für die Prognose zukünftigen Verhaltens erweisen sie sich allerdings als ungeeignet.

Auf Verhalten und Resultate kommt es an

Wenn es darum geht, in einem Unternehmen das Management zu überprüfen und für stürmische Zeiten erfolgsorientiert aufzustellen, sind dagegen Ansätze gefragt, die das tatsächliche Managementverhalten und messbare Verhaltensergebnisse, also die Resultate des Managens, ins Auge nehmen.

Dazu eignen sich Ansätze aus der Entrepreneurshipforschung, wie das verhaltensorientierte Modell von H. G. Gemünden.

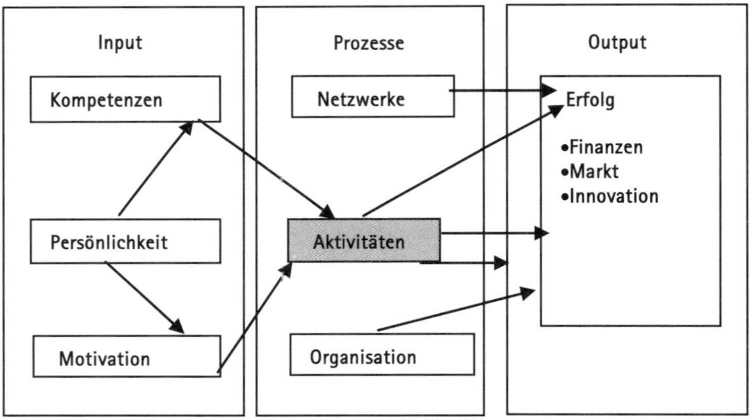

Abbildung 7: Modell verhaltensorientierter Entrepreneurshipforschung nach Gemünden 2004

In diesem Modell wird der Zusammenhang zwischen personalen Einflussfaktoren („Input“), ausgelösten unternehmerischen Prozessen („Throughput“) und den betriebswirtschaftlichen Ergebnissen („Output“) verdeutlicht. Die Prozesse – der Throughput – sowie der Output lassen sich beobachten und messen und können daher gezielt gesteuert werden. Der Input – Kompetenzen, Persönlichkeit und Motivation – lässt sich zwar auch mit einer Vielzahl mehr oder weniger valider Instrumente messen, der Aussage- und Prognosewert für erfolgreiches Managementhandeln ist jedoch begrenzt.
Der im Folgenden dargestellte „Management-Monitor“ rückt konkret wahrnehmbares Verhalten in den Fokus. Er basiert auf

dem Ansatz der verhaltensorientierten Entrepreneurshipforschung.

Der Management-Monitor

Verhaltensprofile in der Führung

Der Management-Monitor ist eine einfache, systematische Darstellung von vierzig beobachtbaren, günstigen Verhaltensmustern der Führung in den vier unternehmerischen Handlungsfeldern:

- Führung und Organisation
- Planung und Steuerung
- Produkt- und Marktinnovation
- Kundenmanagement und Vertrieb

Der Management-Monitor dient dem „Monitoring", also der Beobachtung und (Selbst-)Bewertung von Führungskräften mit komplexer unternehmerischer Verantwortung über einen längeren Zeitraum. Er kommt also nur bedingt für die Personalauswahl infrage.

Der Management-Monitor ist dazu geeignet,

- ein individuelles Führungsprofil zu erfassen,
- entsprechend der ermittelten Talente Aufgaben zuzuordnen, anzureichern und zu erweitern und somit Führungskräfte anspruchsvoll weiterzuentwickeln sowie
- ein Portfolio aller Führungskräfte zu erstellen und somit mögliche „Lücken" oder „Fehlbesetzungen" zu erkennen.

Abbildung 8: Management-Monitor

Wie erfolgreich unternehmerische Grundfunktionen wahrgenommen werden, hängt vom konkreten Verhalten bzw. von den stabilen Verhaltensmustern der Führungskräfte ab, die sich – im Gegensatz zu Eigenschaften und Persönlichkeitsmerkmalen – durchaus verändern und beeinflussen lassen. Diese Verhaltensmuster erfolgreicher Führungskräfte werden im Folgenden je nach Unternehmensfunktion unter die **Lupe** genommen.

Lupe 1

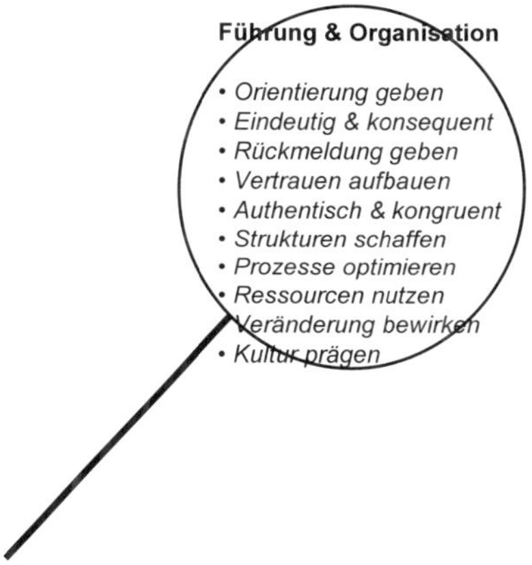

Stärken im Bereich Führung und Organisation

Ein Manager mit einem günstigen Profil im Bereich Führung und Organisation weist ein initiatives Verhalten auf, das anderen Orientierung und Rückmeldung gibt. Eindeutiges und konsequentes, authentisch-kongruentes Verhalten schafft Vertrauen, eine der wichtigsten Grundlagen, um die Ressourcen der Mitarbeiterinnen und Mitarbeitern voll ausschöpfen zu können. Führungskräfte mit diesem Profil schaffen Strukturen und Prozesse und entwickeln sie dynamisch weiter. Sie sind die „Kulturhelden" der Organisation.

Und so sieht das Verhaltensprofil einer Führungskraft aus, deren Stärken im Bereich Führung und Organisation liegen:

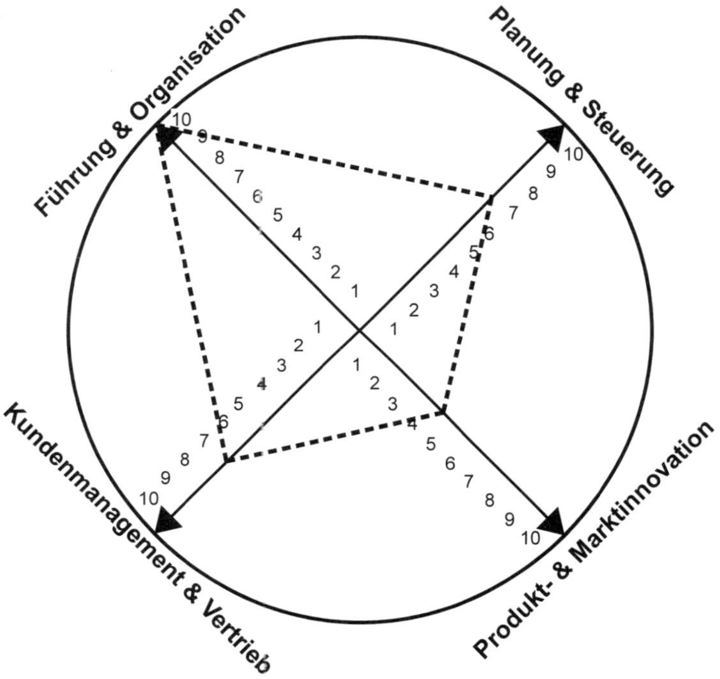

Abbildung 9: Verhaltensprofil Führung und Organisation

Führungskräfte mit diesem Profil sind vor allem in Krisenzeiten Leuchttürme und Orientierungsmarken für die Mitarbeiterinnen und Mitarbeiter. Sie wecken Vertrauen und bringen sich mit ihrer ganzen Persönlichkeit ein.

Lupe 2

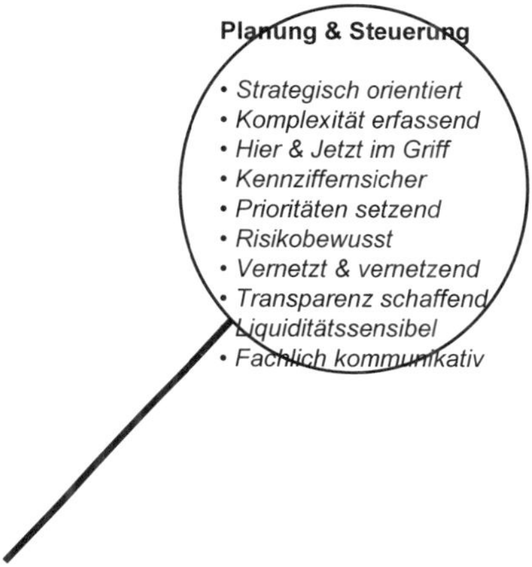

Stärken im Bereich Planung und Steuerung

Eine Führungskraft mit einem günstigen Profil im Bereich Planung und Steuerung geht gekonnt mit Komplexität um und setzt bewusst Prioritäten. Dabei ergänzen sich die strategische Orientierung und das Bestreben, das Hier und Jetzt auf der Basis von Kennziffern zu meistern. Das bewusste Eingehen kalkulierter Risiken mit einem Blick auf die Liquidität zeichnet eine unternehmerische Führungskraft aus, die intern und extern gut vernetzt ist und gegenüber Stakeholdern fachlich und kommunikativ Transparenz schafft.

Und so sieht das Verhaltensprofil einer Führungskraft aus, deren Stärken im Bereich Planung und Steuerung liegen:

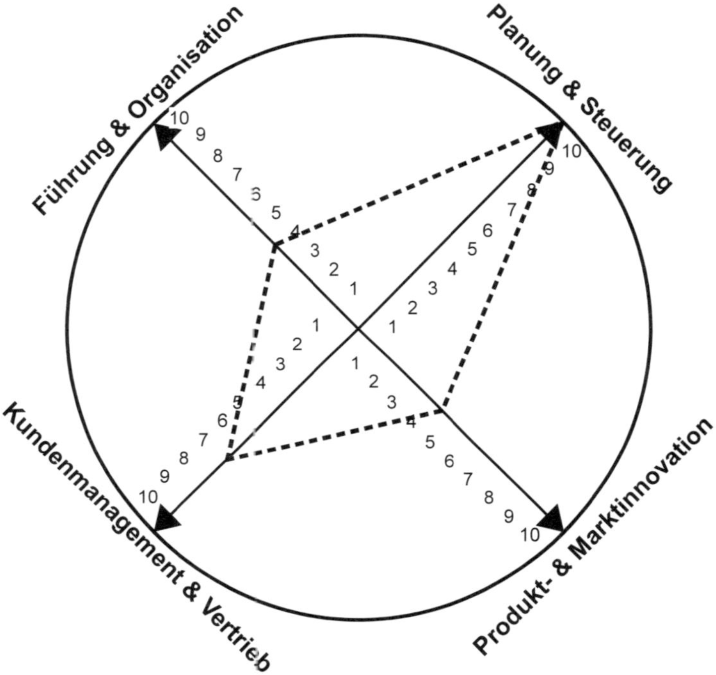

Abbildung 10: Verhaltensprofil Planung und Steuerung

Führungskräfte mit diesem Profil sind in stürmischen Zeiten wichtig, um Kurs zu halten und die Risiken zu minimieren. Auch für die Zusammenarbeit mit Banken, Kunden und Lieferanten sind sie von entscheidender Bedeutung: um das Überleben des Unternehmens zu garantieren.

Lupe 3

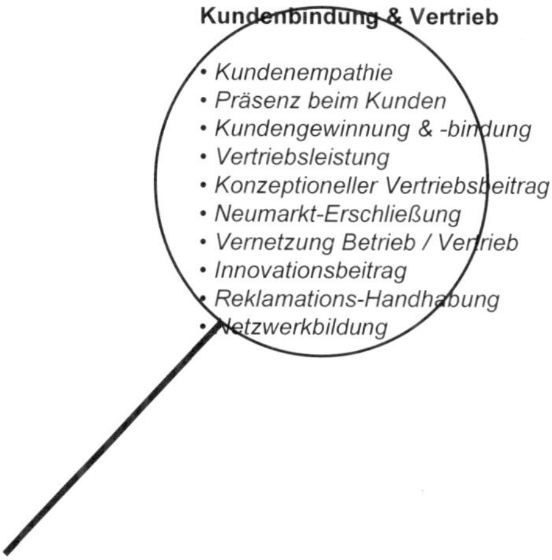

Stärken im Bereich Kundenbindung und Vertrieb

Eine Führungskraft mit einem günstigen Profil im Bereich Kundenbindung und Vertrieb weist ein empathisches Verhalten gegenüber den Markterfordernissen und den Kunden auf. Von der Persönlichkeit her eher außenorientiert, fällt es diesen Führungskräften leicht, Kunden zu gewinnen, Kunden zu binden und Ideen, Produkte und Dienstleistungen zu verkaufen. Idealerweise zeigen diese Führungskräfte auch konzeptionelle Vertriebsstärke, insbesondere bei der Erschließung neuer Märkte, aber auch bei der Vertriebs- und Produktinnovation. Reklamationen zur Kundenbindung zu nutzen und dabei die Schnittstelle zwischen Betrieb und Vertrieb zu optimieren, entsprechen ihrem Profil als Netzwerker.

Und so sieht das Verhaltensprofil einer Führungskraft aus, deren Stärken im Bereich Kundenbindung und Vertrieb liegen:

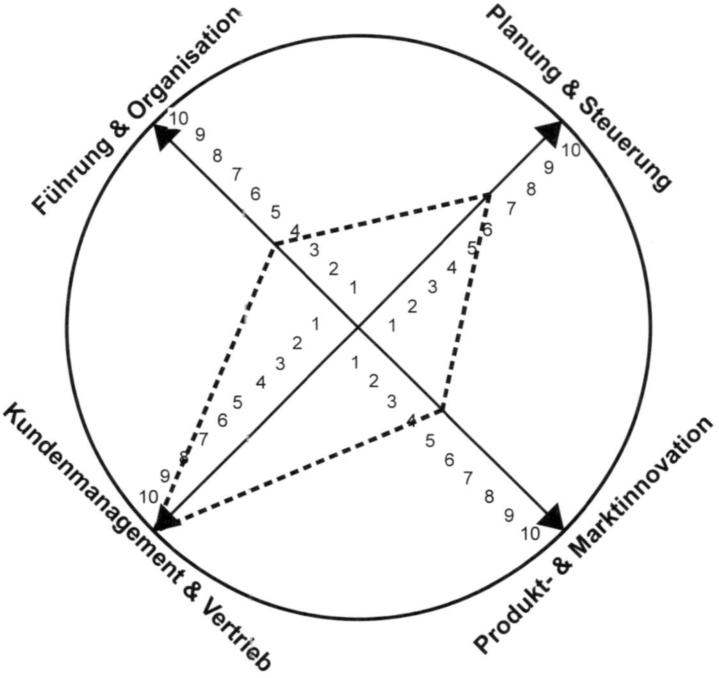

Abbildung 11: Verhaltensprofil Kundenbindung und Vertrieb

Führungskräfte mit diesem Profil müssen in schwierigen Zeiten gleich in zweifacher Hinsicht frustrationstolerant sein. Zum einen erwartet das eigene Unternehmen, dass sie Aufträge akquirieren, um den Wachstumsmotor wieder in Schwung zu bringen. Andererseits erfahren sie bei den Kunden, dass auch dort die Krise bereits angekommen ist und an Neuaufträge vorerst nicht zu denken ist. Kundenempathie und Beziehungsmanagement sind hier gefragt – was diesem Typus ja zu eigen ist.

Lupe 4

Stärken im Bereich Produkt- und Marktinnovation

Eine Führungskraft mit einem günstigen Profil im Bereich Produkt- und Marktinnovation ist sehr offen und neugierig, was sie dazu motiviert, durch Versuch und Irrtum neue Ideen und Chancen zu realisieren. Zwischen Marktexploration, der Lösung von Kundenproblemen und Visionen treibt eine solche Führungskraft Neuentwicklungen qualitätsorientiert voran.

Und so sieht das Verhaltensprofil einer Führungskraft aus, deren Stärken im Bereich Produkt- und Marktinnovation liegen:

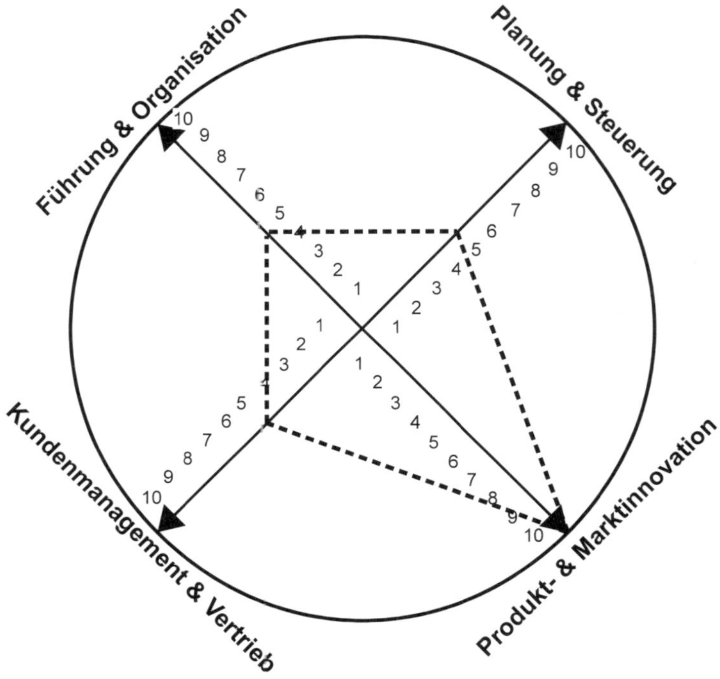

Abbildung 12: Verhaltensprofil Produkt- und Marktinnovation

Führungskräfte mit diesem Profil müssen die Zeit der Flaute nutzen, die Produktinnovation von morgen ins Auge zu fassen und bestehende Produkte zu optimieren. Sie stehen in der Warteschleife.

Lupe 5

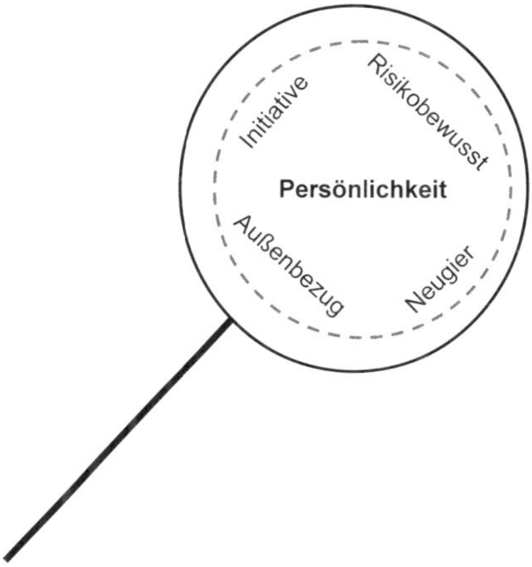

Das Zentrum des Management-Monitors bilden die Persönlichkeitsmerkmale, die unternehmerisches Handeln begünstigen können, aber nicht zwangsläufig müssen. Zahlreiche Untersuchungen zur Unternehmerpersönlichkeit lassen den Schluss zu, dass sich (erfolgreiche) Manager und Unternehmer häufig durch ein hohes Maß an

- Stabilität,
- Selbstvertrauen und
- Autonomie

auszeichnen. Erfolgreiche Führungskräfte und Unternehmer warten demnach nicht auf die Anleitung oder Unterstützung anderer, sondern sie nehmen ihr Geschick und das des Unternehmens selbst in die Hand.
Darüber hinaus können die folgenden Verhaltensdispositionen Führungskräfte in ihrem Erfolg begünstigen:

- Risikobewusstsein
- Neugier
- Außenbezug (Extroversion)
- Initiative

Diese Persönlichkeitsmerkmale und Verhaltensdispositionen bilden den Persönlichkeitskern erfolgreicher Führungskräfte. Allerdings entziehen sie sich weitgehend einer konkreten Beobachtung und Messung. Da eine längerfristige Zusammenarbeit mit Führungskräften aber durchaus eine Beurteilung dieser „weichen Faktoren" der Managerpersönlichkeit zulässt, dürfen sie im Management-Monitor nicht fehlen.

Anleitung zum Management-Monitor

1. Schritt

Man prüft die einzelnen Aussagen in der Checkliste (Abbildung 13) und kreuzt sie an, wenn sie voll auf einen selbst oder eine andere zu bewertende Person zutreffen. Durch Addition ergeben sich in den vier Bereichen jeweils Zahlenwerte zwischen 0 und 10.

2. Schritt

In einem zweiten Schritt werden im Auswertungsdiagramm (Abbildung 14) die Zahlenwerte auf den jeweiligen Achsen markiert und miteinander verbunden. Die so entstehenden „Drachengebilde" sagen etwas aus über die Verhaltensstärke in den vier Feldern des Managements – für den Fall, dass die Kandidaten in einem oder mehreren dieser Felder tätig sind.
Möglich ist auch ein projektives Verfahren nach der Devise: „In welchem Bereich würden Sie dem Verhaltensprofil in besonderer Weise entsprechen, auch wenn Sie in diesem Bereich (bisher) noch nicht eingesetzt worden sind?".
Aus diesem Dialog lassen sich Schlussfolgerungen für den Einsatz und die Karriereplanung von (zukünftigen) Führungskräften ableiten.

✓	**Führung und Organisation**	**Planung und Steuerung**	✓
	Orientierung geben	Strategisch aufgestellt	
	Eindeutig und konsequent	Komplexität erfassen	
	Rückmeldung geben	Das Hier und Jetzt im Griff	
	Vertrauen aufbauen	Kennziffernsicher	
	Authentisch und kongruent	Prioritäten setzen	
	Strukturen schaffen	Risikobewusst	
	Prozesse optimieren	Vernetzt und vernetzend	
	Ressourcen nutzen	Transparenz schaffen	
	Veränderung bewirken	Liquiditätssensibel	
	Kultur prägen	Fachlich kommunikativ	
	Summe	**Summe**	
✓	**Kundenbindung und Vertrieb**	**Produkt- und Marktinnovation**	✓
	Kundenempathie	Marktüberblick haben	
	Kunden gewinnen	Kundenfeedback nutzen	
	Kunden binden	Kundenprobleme lösen	
	Verkaufen	Ideen und Chancen suchen	
	Vertrieb konzipieren	Versuch und Irrtum stabil	
	Neue Märkte erschließen	Time-to-Market-Turbo	
	Betrieb und Vertrieb vernetzen	Qualitätstreiber	
	Innovationen beitragen	Innovationstreiber	
	Reklamationen nutzen	Vom Markt aus handeln	
	Netzwerke bilden	Visionen haben	
	Summe	**Summe**	

Abbildung 13: Checkliste Management-Monitor

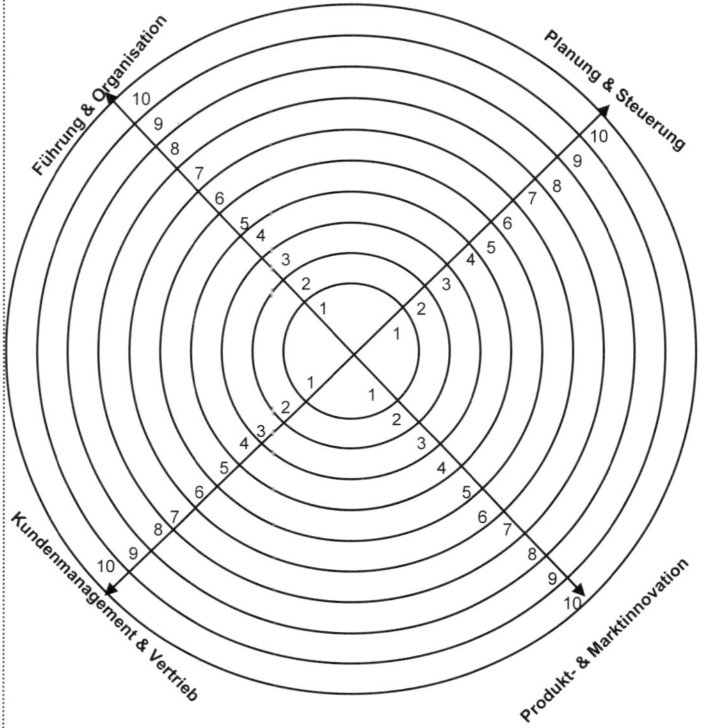

Abbildung 14: Auswertungsdiagramm Management-Monitor

Was ist zu tun?

1. Erst ab einer Betriebsgröße von 50 Mitarbeitern empfiehlt es sich, den Management-Monitor systematisch einzusetzen, da in solchen Unternehmen eine Ausdifferenzierung der Führungsfunktionen erfolgen muss. In kleineren Betrieben kann das Instrument aber genutzt werden, um bei Wachstumsschüben eine Professionalisierung des Managements voranzutreiben.
2. Unternehmer können beim Management-Monitor anhand der Checkliste (Abbildung 13) ihr Profil ermitteln und ü-

berprüfen, wie sie selbst in den vier Bereichen der Unternehmensführung aufgestellt sind (Abbildung 14). Aber Vorsicht! Das erfordert eine distanzierte Betrachtungsweise der eigenen Person und auch Disziplin, um sich selbst dabei nichts vorzumachen. Gibt es Vertraute im eigenen beruflichen Umfeld, sollten diese aufgefordert werden, anhand der Checklisten eine Rückmeldung zu geben. Der Vergleich von Fremd- und Selbstbild kann sehr heilsam sein. Allerdings sind Unternehmer selten von Vertrauten umgeben, die sich wirklich ein kritisches Urteil über ihren Chef in seinem Beisein erlauben. Gelingt es jedoch, ein selbstkritisches Profil zu ermitteln, so kann der Chef überprüfen, ob er von den Führungskräften in den Bereichen ausreichend unterstützt wird, in denen er selbst nicht so stark ist. Auch bei der Auswahl von Kandidaten für die Unternehmensnachfolge kann dieses Instrument hilfreich sein. Insbesondere dann, wenn es möglich ist, mit den potenziellen Nachfolgern zusammenzuarbeiten und sie längere Zeit im Betriebsalltag zu beobachten.

3. Will man einschätzen können, ob Aufgaben und Talente im Führungsteam korrespondieren, so können einzelne Führungskräfte einem Management-Check mit Hilfe des Management-Monitors unterzogen werden. Dabei sollten sich Unternehmer auf ihr eigenes Urteil und die Selbstbeurteilung der Führungskräfte verlassen.
4. Werden alle Führungskräfte auf den Prüfstand gestellt, ist es möglich, ein Führungsportfolio zu erstellen. Damit wird die Talentverteilung in den einzelnen Bereichen erkennbar.
5. Ungefähr jede zweite Betriebsgründung in Deutschland scheitert – laut den regelmäßig vorgenommenen Erhebungen der KfW-Bank – innerhalb der ersten fünf Jahre. Der KfW-Gründungsmonitor nennt hierfür folgende Ursachen:
   - falsche Markteinschätzung und unzureichende Produktidee
   - zähe bzw. erfolglose Markteinführung

- mangelnde Komplexitätsbewältigung
- Probleme der Mitarbeiterführung

Diese Problembereiche werden auch durch die vier unternehmerischen Handlungsfelder im Management-Monitor abgebildet. Existenzgründer können sich bei der Selbstüberprüfung ihrer Fähigkeiten und bei der weiteren Zusammensetzung des Teams an den Verhaltensanforderungen in den jeweiligen Aktionsfeldern orientieren.

Runter von der Ergebnisbremse – Minderleistung

Zusammenfassung

Gerade in angespannten Phasen der Unternehmensentwicklung wächst die Notwendigkeit, die Personalbetreuung zu intensivieren, um sich von schwachen Mitarbeitern zu trennen und zugleich die Motivation und Leistung der anderen Mitarbeiter nicht aus den Augen zu verlieren. Mit Hilfe des Personalportfolios wird aufgezeigt, wo die Chancen und Risiken der einzelnen Mitarbeitergruppen liegen und wie die Personalbetreuung konkret gestaltet werden kann.

Problemstellung

In jedem Unternehmen gibt es leistungsstarke und leistungsschwächere Mitarbeiter. In „satten“ Jahren werden auch Mitarbeiter mitgenommen, deren Leistungsbeitrag – aus welchen Gründen auch immer – eher schwach ist oder deren Verhalten, sei es zu Kunden, Kollegen oder Vorgesetzten, immer wieder Anlass zu Klagen gibt.

Vorsicht ist geboten

Hier wird im Folgenden unmissverständlich dafür plädiert, dass sich Unternehmen von Faulenzern trennen müssen, die im Betrieb auf die Ergebnisbremse drücken und außerhalb der Werkshallen und Büros ihre Potenziale voll zur Entfaltung bringen. Dabei darf nicht übersehen werden, dass es Mitarbeiter gibt, die versuchen, ihr Bestes zu geben, objektiv aber schwache Leistungen erbringen. Hier sollte sorgfältig zwischen unternehmerischer Fürsorge einerseits und unternehmerischer Überlebensnotwendigkeit andererseits abgewogen werden. In diesem Zusammenhang muss auch das „Präsentismus-Phänomen" im Auge behalten werden: Die eiserne Präsenz und das angstvolle Festhalten an der Arbeit bei sinkender Leistung und steigender Fehlerquote (vgl. Kapitel „Dem Präsentismus-Phänomen begegnen – Motivation").

Sich als Führungskraft intensiv mit schwierigen Mitarbeitern auseinanderzusetzen, um eine nachhaltige Verhaltensänderung zu erreichen oder aber deren „Abgang“ zu befördern, ist aufwendig und zeitintensiv. Also lassen Führungskräfte die Dinge lieber schleifen; sie sind ja ohnehin mit anderen, wichtigeren Aufgaben voll ausgelastet – so suggerieren sie es sich selbst. Diese Einstellung rächt sich: Die betroffenen Mitarbeiter werden in Ruhe gelassen und die ganz schlauen „Problemfälle“, die sich gut am Rande der Schlechtleistungszone eingerichtet haben, lachen sich ins Fäustchen. Das schafft auf Dauer Unruhe in der Belegschaft und drückt die Arbeitsmoral, auch anderer, motivierter Mitarbeiter.

Versuchen es Führungskräfte dennoch, sich gezielt von schwachen Mitarbeitern zu trennen, finden sie häufig wenig Unterstützung von ihren Vorgesetzten und der Personalabteilung. Kommt die unvermeidliche Auseinandersetzung mit dem Betriebsrat noch hinzu und verhalten sich die Mitarbeiter, die bisher über den faulen Kollegen beklagt haben, indifferent, kommt es also zum Schwur, steht die Führungskraft alleine da. Diese Erfahrung machen manche Führungskraft nur dieses eine Mal und nie wieder. In Zukunft lässt man „Schlechtleister“ einfach gewähren.

Spätestens in wirtschaftlich angespannten Situationen kann sich ein Unternehmen eine solche Praxis nicht mehr erlauben. Erforderlich ist eine intensive Personalpflege, die nicht nur die Problemfälle einschließt, sondern auch die Hoffnungs- und die Leistungsträger, um deren Motivation und Weiterentwicklung es gerade auch in schwierigen Zeiten geht.

Das Personalportfolio

Ein Instrument, um das vorhandene Personal grob zu klassifizieren und entsprechende Konsequenzen für geeignete Führungsmaßnahmen abzuleiten, stellt das Personalportfolio dar. Angelehnt ist diese Darstellungsweise an das absatzwirtschaftliche Produktportfolio der Boston Consulting Group. Die mit dem Portfolio verbundene Modellvorstellung besagt, dass Produkte idealtypisch von ihrer Einführung bis zur Herausnahme aus dem Sortiment einen „Lebenszyklus" durchlaufen, vom „Hoffnungsträger" bis hin zum „Problemfall". Dem Einwand, Menschen seien keine Produkte und eine Vierfelder-Matrix werde nicht der Vielschichtigkeit und Differenziertheit von Mitarbeiter gerecht, halten wir entgegen: Einfach anfangen ist besser, als gar nicht anzufangen – kompliziert wird es in jedem einzelnen Fall ohnehin von alleine.

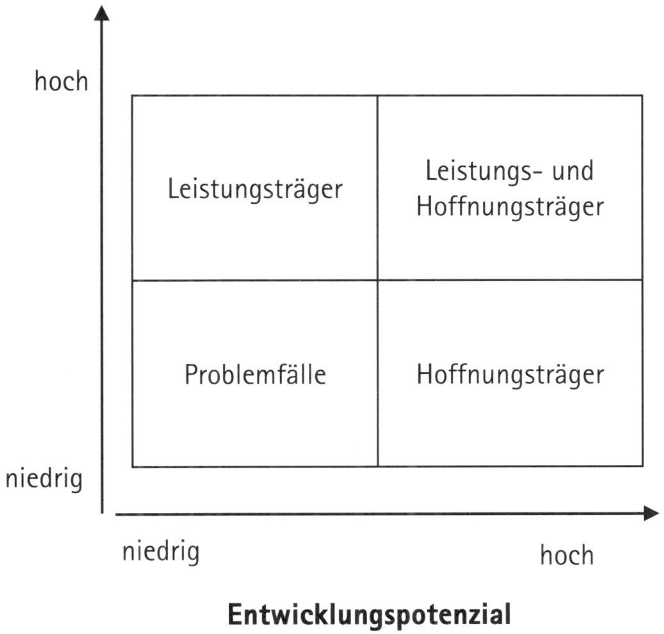

Abbildung 15: Personalportfolio

Mit dem Personalportfolio werden die gegenwärtige Leistung und das Entwicklungspotenzial von Mitarbeitern ins Verhältnis zueinander gesetzt. Mit dem Entwicklungspotenzial sind die Bereitschaft und die Fähigkeit gemeint, neue, komplexere Aufgaben und Funktionen zu übernehmen, Neues zu lernen und mehr Verantwortung zu übernehmen.

Die Problemfälle

Nahezu in jedem Unternehmen gibt es Mitarbeiterinnen und Mitarbeiter, die dauerhaft eher schwache Leistung zeigen. Erkennbar wird das an:

- Mängeln in der Quantität und Qualität der Leistung
- mangelnder Flexibilität und Belastbarkeit
- Verhaltensmängeln gegenüber Kunden und Kollegen mit nachweislichen Folgen
- hohen Fehlzeiten

Drei Teilmengen dieser Gruppe bedürfen der besonderen Betrachtung. Das sind

- Mitarbeiter, die aufgrund von Alter und Krankheit einen Teil ihrer Leistungsfähigkeit eingebüßt haben, sich aber im Rahmen ihrer Möglichkeiten engagieren,
- Mitarbeiter mit angeborenen oder erworbenen Behinderungen und
- Mitarbeiter, die sich aufgrund persönlicher Krisen, zum Beispiel der Tod eines Angehörigen oder einer anderen familiären Krise, vorübergehend in einem Leistungstief befinden.

Mit diesen Mitarbeitern ist ein umsichtiger und unterstützender Stil angebracht. Schließlich handelt es sich bei den objektiven Leistungsmängeln nicht um böse Absicht.

Kein Pardon sollte jedoch den Mitarbeitern gegeben werden, die mit bewusstem Kalkül und/oder aufgrund von geduldetem „Gewohnheitsrecht“ Leistungsreserven zurückhalten und es sich hart an der Grenze zur „Schlechtleistung“ dauerhaft gemütlich eingerichtet haben.

Zu dieser Gruppe zählen unter anderem:

- die „schlauen Raus-Schieber“, mit Kontaktfähigkeit und Rückdelegationstalent
- „EDV-Bastler“, die den ganzen Tag ohne Ergebnis am PC verbringen
- „Vertriebler auf der Flucht“, vor allem vor den Kunden
- „Pausenspezialisten“
- „Guerillakrieger“, die gegen jeden und alles, vor allem gegen die Geschäftsleitung opponieren und darüber ihre Arbeit ganz vergessen
- „Selbst ernannte Teamplayer“, die sich auf die Leistung der anderen verlassen
- „Edelabsentisten“, die geschickt ihren sonstigen „Jobs“ nachgehen
- „Selbstüberschätzer“, die sich für gehobene Funktionen schonen

Die Liste ließe sich selbstverständlich in Vielfalt und Erscheinungsform noch ergänzen. In der Wirkung haben sie alle eines gemeinsam: Sie ziehen die Leistung des Unternehmens und die Moral der Mannschaft nach unten.

Wir schauen uns hier exemplarisch einmal den „schlauen Raus-Schieber“ näher an.

Beispiel: Herr Thomas ist immer pünktlich

Herr Thomas ist als Sachbearbeiter „Einkauf" pünktlich um 7.30 Uhr am Schreibtisch, holt seine privaten Edelschreibgeräte aus dem Aktenkoffer und legt sie dekorativ vor sich hin. In der Küche wird der Tee gebrüht, das Frühstücksbrot ausgepackt, die Zeitung ausgebreitet. So kann der Arbeitstag beginnen. Anschließend, mit einer Einkaufsorder unterm Arm, lässt Thomas sich bei seinem Chef mit einer „schlauen" Frage sehen, um dann geschäftig auf Büroflurwanderschaft zu gehen. Irgendwo und irgendwie ergibt sich immer wieder ein kleiner Plausch. Häppchen hier und O-Saft da – irgendein Geburtstag muss immer abgefeiert werden. Dann sind ein paar Telefonate erforderlich, etwas Schriftkram fällt auch an. Die Besprechung mit einem Lieferanten dient der Beziehungspflege. Die Einladung zum Essen schlägt Herr Thomas freundlich aus; vor dem Vorwurf der Vorteilsnahme von Lieferanten versteht er sich zu schützen. Dringende Anfragen aus den Fachabteilungen weiß Thomas an Kollegen und seinen Chef weiterzudelegieren. Mit „Mahlzeit"-Rufen geht es dann in die Kantine. Thomas ist hier als geselliger Tischgast überall willkommen. Aus dem anschließenden „Suppenkoma" erwacht er mit einem starken Espresso. Der Vorgang vom Vormittag wird dann abgeschlossen. Thomas glänzt mit schlauen „Man-müsste-mal"-Aussagen in der anschließenden Abteilungsrunde. Gut gelaunt geht man auseinander. Thomas bereitet sich auf den Feierabend vor und packt das edle Schreibgerät – unbenutzt – wieder ein und deponiert es im Aktenkoffer. Schließlich ist morgen ja auch noch ein Tag.

Problemfälle und „Schwachleister“ im Betrieb haben viele Gesichter. Herr Thomas ist nur eines davon, aber nur scheinbar harmlos. Für ihn ist der Betrieb ein Ort für stabilisierende Routine und angenehme Kommunikation. Führungsschwächen des Vorgesetzten – die hier ganz offensichtlich vorhanden sind – nutzt er aus. Eigeninitiative und die Motivation zu besonderer Leistung ist nicht seine Sache. Er schlüpft geschickt durch die Maschen eines zu weit geknüpften Kontrollnetzes.

Das Beispiel mag nach einer schlecht geführten Großorganisation mit wenig Leistungsdruck klingen. Aber auch in kleinen und mittelständischen Unternehmen kann durch einen Herrn Thomas das Mittelmaß zur Norm werden, mangelt es an Leistungsträgern als Vergleichsmaßstab. Wird nach dem Vorbild Thomas von allen die Arbeit im „Raus-Schieber-Takt“ vollzogen, ist die Leistungsnorm am Boden und alle drücken auf die Ergebnisbremse.

Was muss getan werden, um Herrn Thomas aus seinem Gleichmaß an schlechter Leistung herauszubringen und sein schlechtes Beispiel nicht zum Maß aller Dinge werden zu lassen?

1. Eindeutige Zielvorgaben mit Mengen-, Qualitäts- und Zeitangaben.
2. Wöchentlicher Rapport beim Vorgesetzten.
3. Bei Ausflüchten („Mir fehlte die EDV-Unterstützung“) der Sache auf den Grund gehen und erneut nachfassen.
4. Wenn möglich, ein Workflowsystem einführen, das der Führungskraft ermöglicht, jederzeit den Stand der Sachbearbeitung zu überprüfen. Das erfordert zähe Verhandlungen mit dem Betriebsrat. Aber ein langer Atem zahlt sich aus.
5. Mündliche Ermahnung, falls die Zielvereinbarungen immer wieder verfehlt werden.
6. Erhöhung des Leistungsstandards.
7. Androhung einer Abmahnung, werden Ziele selbst verschuldet nicht erreicht.
8. Abmahnung und Kündigung.

Praktiker werden an dieser Stelle wohlmöglich milde lächeln und darauf verweisen, dass man das schon alles bei Problemfällen praktiziere, doch mit wenig Aussicht auf Erfolg. Auf zunehmenden Druck reagiere der Mitarbeiter mit Machtspielen im internen Netzwerk und der „Betriebsratskeule“. Schließlich gibt es dann noch die Flucht in den „Absentismus“. Irgendein Arzt findet sich immer, der Herrn Thomas und Co. „seelische Belastung“ oder „Rückenschmerzen“ attestiert.
Doch wenn das Spiel schon solche Formen angenommen hat, darf nicht auf halber Strecke aufgegeben werden. Zugegeben, das ist nicht leicht. Denn wenn der Betriebsrat eingeschaltet ist und Bedenkenträger im Unternehmen auf die Risiken eines möglichen arbeitsrechtlichen Gerichtsverfahrens und die Abfindungskosten verweisen, vergeht so mancher Führungskraft die Lust, „Schlechtleister“ weiter in Bedrängnis zu bringen. Die Angelegenheit verläuft dann im Sande – ein fatales Signal für die Belegschaft und die Leistungskultur im Unternehmen.
Mit anderen Worten, den Personalverantwortlichen, die sich scheinbar mit allen Wassern gewaschen fühlen, fehlt es häufig an der letzten Konsequenz.

Das Personalportfolio ist Chefsache

Die konsequente Überprüfung des Personalportfolios ist Chefsache. Unternehmensleitung, Personalfachleute und Führungskräfte müssen an einem Strang ziehen. Es gilt dabei der Grundsatz: Jeder hat noch eine Chance. Wird diese vom Mitarbeiter nicht wahrgenommen, hilft nur die Trennung – und das mit aller Konsequenz.

Die Leistungsträger

Die Leistungsträger in einem Unternehmen lassen sich daran erkennen, dass sie eine gute, zuverlässige Leistung erbringen. Weder aus Sicht des Mitarbeiters noch des Unternehmens sind besondere Karrieresprünge zu erwarten. Die persönliche Karriereentwicklung ist weitgehend abgeschlossen. Ähnlich wie bei der vergleichbaren Portfoliobetrachtung von Produkten in der Absatzwirtschaft wurde deshalb für diese Gruppe der etwas derbe Begriff der „Cashcow" geprägt: hoher Ertrag bei geringem Investitionsbedarf.

Die heutigen Leistungsträger sind zumeist auch die „Stars" vergangener Tage, also die ehemaligen „Leistungs- und Hoffnungsträger". In der Regel handelt es sich um ältere Mitarbeiter im Leistungszenit.

Gerade in schwierigen Phasen sind diese Mitarbeiter mit ihrem Wissen und ihrer Erfahrung eine große Stütze für das Unternehmen. Zudem sind keine großen Überraschungen zu erwarten:

- die Wechselbereitschaft ist eher gering
- die Erwartungen der Mitarbeiter bezüglich Einkommen und Förderung sind überschaubar
- der weitere berufliche und persönliche Entwicklungsweg lässt sich kalkulieren

Dennoch birgt auch diese Gruppe spezifische Gefahren in sich und erfordert eine umsichtige Personalbetreuung, wie das folgende Fallbeispiel zeigt.

Beispiel: Herr Ahlers wird nachdenklich

Herr Ahlers ist Außendienstmitarbeiter in einem Großhandel der Medizintechnik. Von den drei Verkaufsgebieten betreut Herr Ahlers die ganzen norddeutschen Küstenländer und auch Mecklenburg-Vorpommern, Sachsen-Anhalt, Brandenburg und Berlin. Seine Kunden sind regionale Zwischenhändler, Krankenhäuser und medizinische Forschungseinrichtungen.

Herr Ahlers ist ein erfolgreicher Verkaufsprofi. Deshalb hat er schon vor Jahren darauf gedrängt, dass ihm vertraglich eine hohe Umsatz- und Erfolgsbeteiligung zugesichert ist. Entsprechend bescheiden fällt sein Fixum im Vergleich zu den anderen Außendienstmitarbeitern aus, die sich mehr für ein fest kalkulierbares Einkommen entschieden haben. In den ersten satten Jahren der Aufbauarbeit in den neuen Bundesländern kam Herr Ahlers auf ein Jahreseinkommen mit einem Verhältnis von Fixum zu Umsatz- und Erfolgsbeteiligung von 1:2. Von Jahr zu Jahr laufen aber die Geschäfte schlechter. Der Nachholbedarf in den neuen Bundesländern ist gesättigt und außerdem schlagen die Auswirkungen der Kostendämpfung im Gesundheitswesen und die Budgetkürzungen der öffentlichen und privaten Träger der Krankenhäuser und Forschungseinrichtungen durch.

Hinzu kommt der Generationswechsel bei seinen Kunden. Hatte Ahlers es bislang zumeist mit Klinikleitern und Professoren in seinem Alter zu tun, vor denen er – anerkanntermaßen – die Firma kompetent und mit großzügigem Auftreten und Einladungen repräsentierte, hat er es jetzt zunehmend mit Gesprächspartnern im Alter seines ältesten Sohnes zu tun. Mit dem etwas coolen Stil dieser Generation tut er sich schwer.

Die wöchentlichen Fahrten durch sein Verkaufsgebiet, das lange Warten auf seine neuen Gesprächspartner in Krankenhausfluren und das Hotelleben nimmt er hin, aber der Spaß ist weg.

Herr Ahlers ist 58 Jahre alt, er hat mit 30 eine Frau geheiratet, die sich an einen eher aufwendigen Lebensstil in der eigenen weitgehend abbezahlten Villa in der Vorstadt gewöhnt hat. Die Kinder sind 14, 18 und 27. Der älteste Sohn ist außer Haus und steht auf eigenen Füßen, die beiden anderen sind in der Ausbildung. Herr Ahlers weiß, dass die Stelle des Leiters Vertrieb Innendienst demnächst vakant wird. Allerdings würde das eine deutliche Schmälerung seiner Jahreseinkünfte mit sich bringen. Außerdem weiß er überhaupt nicht, ob man ihn für diese Stelle nehmen würde, da er immer auf die „Kissenpupser" im Innendienst geschimpft hat. Schon die Bewerbung um diese Stelle würde nicht ohne Häme einiger Kollegen ablaufen, was würde dann erst eine Absage bedeuten? Innendienst war ihm bislang allerdings immer auch ein Graus gewesen.

Es ist offensichtlich, dass Herr Ahlers sich in einer Klemme befindet, aus der er nicht so einfach alleine herauskommt. Der Markt hat sich stark verändert, der finanzielle Ergebnishebel ist unwirksam geworden, die Bezugsgruppen haben sich gewandelt, der Außendienst wird, auch altersbedingt, zunehmend als Belastung empfunden, wirkliche Alternativen bieten sich nicht an. Hier ist also ein perspektivisches Personalgespräch überfällig.
Wie sah nun die reale Problemlösung im Fall von Herrn Ahlers aus? Bei einem erhöhten Festgehalt ohne Erfolgsbeteiligung wurde Ahlers für zwei Jahre zum Coach der deutlich verjüngten Außendienstmannschaft. Ahlers übernahm sowohl die Produktschulung als auch das Vertriebstraining. Neue Mitarbeiter begleitete er auf ihren Touren als Coach und vermittelte ihnen seine Erfahrungen und „Tricks". So wurde sein Betriebswissen weitergegeben. Ahlers konnte seinen Einsatz runterfahren und ohne Gesichtsverlust und geachtet mit 60 Jahren in den Vorruhestand wechseln.

!

Ausbrennen verhindern

Leistungsträger im fortgeschrittenen Lebensalter bedürfen einer individuellen Personalbetreuung. Sie sind in Gefahr auszubrennen und sie sind für das „Präsentismus-Phänomen" anfällig (vgl. das folgende Kapitel). Der weitere Karriereverlauf im Unternehmen muss mit der persönlichen Situation und Lebensplanung abgeglichen werden. Die gegenüber dem Unternehmen erworbenen materiellen „Ansprüche", das heißt, die gegenwärtigen Bezüge und die Position, die gegebenenfalls erworbenen Altersversorgungsansprüche und mögliche Abfindungszahlungen machen Leistungsträger im fortgeschrittenen Alter zu „teuren" Mitarbeitern. Andererseits sind es auch „wertvolle" Mitarbeiter – aufgrund ihrer Erfahrungen, ihres Könnens und ihrer Leistung. Vor allem muss durch eine Zukunftsplanung vermieden werden, dass diese Mitarbeiter in die Gruppe der „Problemfälle" abrutschen.

Was ist zu tun, um dem Unternehmen Leistungsträger einerseits zu erhalten und andererseits ihre letzten Jahre im Unternehmen sinnvoll zu planen und zu organisieren?

1. In regelmäßigen Perspektivgesprächen sollte die Selbsteinschätzung des Mitarbeiters hinsichtlich der Aufgaben und der Leistung besprochen werden.
2. Nach Möglichkeit sollte die Lebensplanung des Mitarbeiters thematisiert werden.
3. Wird erkennbar, dass Mitarbeiter sich überfordert fühlen, die Passung mit dem sozialen Umfeld (Kunden und Kollegen) nachlässt, muss nach alternativen Aufgaben und Verantwortungen gesucht werden. Dabei darf das Einkommen nicht Tabu sein.
4. Gleichzeitig mit der persönlichen Perspektivplanung für den Mitarbeiter sollten Überlegungen hinsichtlich möglicher Umstrukturierungsmaßnahmen oder eine Nachfolgeplanung verbunden werden.
5. Sollte sich aufgrund der Lebensumstände des Mitarbeiters und einer besonderen Motivationslage das Fenster für eine neue Position eröffnen, in der der Mitarbeiter auch wieder zum Hoffnungsträger wird, sollte dies unter Kosten-Nutzen-Aspekten ernsthaft erwogen werden. Im nächsten wirtschaftlichen Aufschwung werden Fach- und Führungskräfte wieder verstärkt gesucht (vgl. Kapitel „Personal gewinnen mit der ‚Marke Mittelstand‘ – Zukunft“).

Es gibt aber noch eine weitere Mitarbeitergruppe, die durchaus den „Leistungsträgern“ zuzurechnen ist, die aber unversehens ins Lager der „Problemfälle“ wechseln kann. Diese Mitarbeiter haben sich in frühen Jahren mit ihrer Aufgabe und Position im Unternehmen arrangiert, sträuben sich aber vehement gegen Veränderungen jeglicher Art.

Beispiel: Bedienen statt abfertigen

In den letzten Jahren ist in vielen Betrieben wie der Post, der Bahn, aber auch bei den gesetzlichen Krankenkassen die Wende von der bürokratischen Behörde zum Dienstleistungsunternehmen vollzogen worden. Dieser Prozess wurde und wird immer noch durch die Beharrungskräfte der Mitarbeiter gebremst, die sich mit dem neuen Verständnis nicht arrangieren wollen und die durch beamtenrechtliche Relikte in gewissem Umfang „geschützt" sind.

Da in der Arbeitswelt aber Aufgaben und Arbeitsweisen nicht dauerhaft von Bestand sind, kann von den Mitarbeitern eine Veränderung und Anpassung durch Schulungsmaßnahmen verlangt werden. Ansonsten bleibt nur die Trennung.

Die Hoffnungs- und Leistungsträger

Die Hoffnungs- und Leistungsträger sind die „Stars" im Unternehmen, leistungsstark und mit hohem Entwicklungspotenzial. Meist haben sie sich ihre Position recht schnell und zielgerichtet erarbeitet. Diese Schlagzahl wollen sie beibehalten und drängen auf noch mehr „Karriere". Wenn das Unternehmen diesem nicht entsprechen kann oder will, werden die Stars ungeduldig und suchen nach Alternativen. Es geschieht immer wieder, dass heiß umworbene Stars überstürzt von einem Unternehmen in das andere wechseln, dort dann für kurze Zeit am neuen, unbekannten Firmenfirmament erstrahlen, um dann aber wie eine Sternschnuppe zu verglühen. Mitarbeiter in der „Starphase", die ihr Glück zu heftig forcieren wollen, leben also gefährlich und machen es den Unternehmen nicht immer leicht.
Geht es einem Unternehmen schlecht, sind diese Arbeitskräfte schwer zu halten. Ihr Abgang trägt seinen Teil zum Untergang des Unternehmens bei. Ist aber die allgemeine wirtschaftliche Situation schwierig, scheuen auch diese Mitarbeiter das Risiko des Wechsels. Das ist die besondere Chance, sie langfristig an das Unternehmen zu binden.

Stars sind nicht einfach

Leistungs- und Hoffnungsträger sind sich ihrer Rolle als Stars durchaus bewusst. Sie sind wichtig für das Unternehmen. Sie können mit ihrem Ehrgeiz und ihren Erwartungen die Unternehmensführung aber an die Grenzen dessen führen, was personalpolitisch noch vertretbar ist.

Grundsätzlich sind Stars in allen wirtschaftlichen Konstellationen dafür „anfällig",

- den bisherigen Wirkungskreis und das Unternehmen als zu „eng" und daher für sie nicht angemessen zu empfinden (vgl. folgendes Fallbeispiel),
- das Unternehmen durch steigende Karriere- und Einkommenserwartungen zu „überfordern",
- das Gruppengefüge im Unternehmen zu stören,
- den „Abgang" von der zu klein empfundenen Bühne vorzubereiten,
- aber auch den eigenen und fremden Leistungserwartungen nicht dauerhaft zu entsprechen und im Unternehmen „abzustürzen".

Beispiel: Wo bitte steht die Karriereleiter?

Ferdinand Hoffmann ist Inhaber einer Steuerberatungsgesellschaft mit insgesamt 35 Mitarbeitern in einer mittleren Kleinstadt. Das Unternehmen verfügt über einen guten Mandantenstamm aus Handwerkern, Händlern, Kleinbetrieben und zwei Großbetrieben. Einer von Hoffmanns erfolgreichsten Steuerberatern ist Herr Mundt. Er erfreut sich bei seinen Mandanten ganz besonderer Wertschätzung wegen seines Engagements, seiner Diskretion und seiner fachlichen Beratung. Intern hat er ein hoch motiviertes und effektives Team mit fünf Steuerfachgehilfen und einer Sekretariatskraft aufgebaut. Aufgrund der konstant guten Leistungen partizipiert Mundt überdurchschnittlich am finanziellen Erfolg der Kanzlei. Herr Mundt ist 38 Jahre alt, ledig und mit allen äußeren Kennzeichen eines Yuppies versehen. Neuerdings hat er eine feste Freundin in einer 80 Kilometer entfernten Großstadt. Seit einigen Wochen wirkt Herr Mundt reservierter als sonst. Zu Hoffmanns großer Überraschung erfährt er von einem Mandanten, dass Herr Mundt in einem Beratungsgespräch aus der Rolle gefallen sei und den Mandanten verärgert habe. Von einem mit Mundt befreundeten Kollegen erfährt Hoffmann zudem, dass Herr Mundt „die Nase voll habe" von dem kleinbürgerlichen Mandantenstamm, seine neue Freundin keine Lust habe, in das kleinstädtische Idylle zu kommen, er keine Karrierechancen sehe und mit dem Gedanken spiele, in die Großstadt zu wechseln und seinen Wirtschaftsprüfer zu machen. Hoffmann will Herrn Mundt unbedingt halten, aber seine Möglichkeiten sind begrenzt. Schließlich scheint es nicht primär um Geld zu gehen.

„Wenn es dem Esel zu gut geht, geht er auf das Eis", ließe sich dieses Fallbeispiel kommentieren. Und in der Tat. Nach einem Sonderurlaub mit Bedenkzeit, den Hoffmann Mundt anbot, kam dieser reuig zurück und nahm in der realistischen Einschätzung seiner einmaligen Chance, das Angebot Hoffmanns an, dessen Nachfolger zu werden und eines Tages die Kanzlei ganz zu übernehmen.
Was muss getan werden, um dem Unternehmen die Leistungs- und Hoffnungsträger einerseits zu erhalten, andererseits das Unternehmen und die anderen Mitarbeiter nicht zu überfordern?

1. In regelmäßigen Gesprächen muss diesen Mitarbeitern die besondere Wertschätzung der jeweiligen Führungskraft und des Unternehmens entgegengebracht werden. Anerkennung ist ein Wert für sich.
2. Die Bindung an ein Familienunternehmen kann gesteigert werden, wenn auf privater Ebene soziale Kontakte durch Einladungen und gemeinsame Aktionen, wie zum Beispiel durch einen Theaterbesuch, gepflegt werden.
3. Materielle Möglichkeiten in Form von Sonderleistungen sollten sparsam und wohldosiert eingesetzt werden. Kongressbesuche zum Beispiel können als „Incentive" genutzt werden, aber auch dies nur sehr sparsam.
4. Die realistischen Möglichkeiten im Unternehmen weiterzukommen, müssen pragmatisch erörtert werden. Sind die Aufstiegsmöglichkeiten ausgereizt, sollte das nicht dazu führen, exotische Funktionen und Titel zu erfinden.
5. Nicht nur in kritischen Unternehmensphasen sollten diese Mitarbeiter mit der Projektleitung von Sonderprojekten, beispielsweise der Neukundengewinnung oder der Prozessoptimierung (vgl. Kapitel „Die Flaute nutzen – Reorganisation"), betraut werden.

6. Bei exzellenten Leistungs- und Hoffnungsträgern sollten die unterschiedlichen Möglichkeiten einer Unternehmensbeteiligung abgewogen und thematisiert werden.
7. Kommt ein Mitarbeiter regelmäßig zum Vorgesetzten, um mitzuteilen, dass ihm Angebote von Wettbewerbern vorlägen und er daraus Forderungen für sein Bleiben ableitet, sollte man Reisende nicht aufhalten.

Die Hoffnungsträger

Hoffnungsträger werden im absatzwirtschaftlichen Portfolio auch „Fragezeichen" genannt: Ein Produkt wird am Markt neu eingeführt, erwirtschaftet (noch) einen negativen Deckungsbeitrag, gilt aber als Hoffnungsträger und soll zum Star avancieren.

Diese Betrachtungsweise lässt sich durchaus auch auf Mitarbeiter übertragen. Berufsstarter nach der Ausbildung oder dem Studium befinden sich am Anfang ihrer Karriere und müssen erst einmal in alle Unternehmensbereiche hineinschnuppern und können sich prächtig entwickeln, oder aber straucheln. Die reinen Hoffnungsträger, also die „Fragezeichen" im Personalportfolio, sollten gerade in wirtschaftlich kritischen Zeiten auch unter Kostengesichtspunkten aufmerksam beobachtet werden.

Flops kommen einen teuer zu stehen

Neu eingestellte Mitarbeiter, die zu Flops werden, weil sie sich nicht erwartungsgemäß entwickeln, oder von den anderen Mitarbeitern nicht akzeptiert werden, kommen das Unternehmen teuer zu stehen. Neben den Rekrutierungs-, Einarbeitungs- und Lohnkosten schlagen noch mögliche Kosten für rechtliche Auseinandersetzungen und die Abfindung zu Buche.

Grundsätzlich sind mit den Hoffnungsträgern im Unternehmen die folgenden Risiken verbunden:

- Berufsstarter erleben den berühmten „Praxisschock".
- Erste Misserfolge ziehen weitere Misserfolge nach sich.

- Neulinge starten lautstark mit der Aussage, sie werden alles besser machen – und werden ausgebremst.
- Persönliche Sympathie-/Antipathie-Effekte blockieren die Arbeit auf der Sachebene.
- Das Unternehmen hält die Versprechen hinsichtlich Aufgaben und Perspektiven nicht ein.
- Die Einarbeitung erfolgt unzureichend oder gar nicht.

Im folgenden Fallbeispiel wird verdeutlicht, wie Hoffnungsträger in eine schwierige Situation gelangen können, mit entsprechenden Risiken für sie selbst und das Unternehmen.

Beispiel: Herr Kramm erhält die Kündigung

Die Kongos GmbH ist ein junges Unternehmen, das sich auf dem Gebiet des Direktmarketings in kurzer Zeit einen guten Namen gemacht hat. Die Geschäftsfelder sind

- die Beratung von Firmen im Bereich Direktmarketing,
- die Durchführung von Mail- und Telemarketingaktionen im Auftrag anderer Firmen durch das eigene Mail- und Callcenter sowie
- die Beratung von Firmen bei der Einrichtung von Callcentern.

Das letzte Geschäftsfeld ist der Kongos GmbH quasi als „Abfallprodukt" der eigenen Aktivitäten in den Schoß gefallen. Dieses Geschäftsfeld entwickelt sich sehr dynamisch. Die Zuwachsraten sind erheblich. Um das technische Know-how von Kongos zu verstärken, wurde deshalb vor einem Jahr Herr Kramm, der als Spezialist auf diesem Gebiet gilt, als „Kundenbetreuer Technik" von einem Konkurrenten abgeworben. Herr Kramm ist 32 Jahre alt, Dipl.-Ing. FH, er ist verheiratet und hat ein Kind. Die Arbeitsplatzbeschreibung enthält folgende Aufgaben:

- technische Mitbetreuung des eigenen Callcenters
- Präsentation der technischen Lösungen
- technische Betreuung von Schlüsselkunden.
- konzeptionelle Weiterentwicklung der Callcenter-Technologie

Nach einem Jahr ist Herr Kramm unzufrieden, weil er das Gefühl hat, seinen Job nicht ganz auszufüllen und dass seine Tätigkeit, trotz mehrerer Gespräche, von seinen Vorgesetzten nicht richtig gewürdigt wird. Er soll die Leiterin des Callcenters in technischen

Fragen unterstützen und das Callcenter mitbetreuen. Er ist der Leiterin des Callcenters hierarchisch gleichgestellt, ihm sind aber keine konkreten Kompetenzen eingeräumt worden. Seine Serviceleistung wird von der Leiterin – trotz seiner Angebote – nicht in Anspruch genommen.
Kramm hat gute Erfolge bei der Präsentation der Callcenter-Technik vor Kunden und eigenen Anwendern. Eine andere Aufgabe hat sich für ihn neu ergeben: Bei der Betreuung der Kunden in technischen Fragen wird er immer häufiger einbezogen, besonders bei der Frage, wie das System noch stärker für Marketing und Vertrieb genutzt werden kann, ein Feld, das ihm eher fremd ist. Allerdings trägt Kramm zur Zufriedenheit der Kunden durch anspruchsvolle, integrierte Problemlösungen bei. Fachlich fühlt er sich dabei aber auf dünnem Eis. Zur Weiterentwicklung der Callcenter-Technologie ist er bisher nicht gekommen, weil es dafür weder konkrete Anforderungen gegeben hat, noch Teampartner vorhanden sind. Kramm bekommt eine Aufforderung zu einem Gespräch mit der Geschäftsführung. Er nimmt sich vor, dort sein Unbehagen zum Ausdruck zu bringen. Dazu kommt er nicht, denn ihm wird dort direkt die Kündigung ausgehändigt.

Kramm ist in eine Falle gelaufen. Beim Kunden haben sich seine Aufgaben von der reinen technischen Beratung zur Anwendungsberatung hinsichtlich des Callcenter-Einsatzes im Vertrieb gewandelt. Das haben seine Führungskräfte nicht registriert und Kramm hat es nicht thematisiert. Intern kommt er nicht zum Zug, weil Kompetenzen und Anforderungen fehlen. Die Geschäftsführung, wissend um eigene Versäumnisse, will sich schnell von Kramm trennen. Insgesamt ein teurer Führungsfehler.
Was muss getan werden, um die „Hoffnungsträger“ im Unternehmen auch zu „Leistungsträgern“ zu machen bzw. rechtzeitig die Trennung herbeizuführen, um das Unternehmen vor wirtschaftlichem Schaden zu bewahren?

1. Schon bei der Auswahl müssen die Talente des Bewerbers mit den Anforderungen gut abgeglichen werden.
2. Ist der Bewerber für das Unternehmen interessant, obgleich er nicht voll dem Anforderungsprofil der vakanten Stelle entspricht, müssen die Aufgaben so zusammengestellt wer-

den, dass sie dem Talent des neuen Mitarbeiters entsprechen.

3. Die Einarbeitung muss klar geregelt sein.
4. In regelmäßigen Gesprächen geben sich Führungskraft und Mitarbeiter wechselseitig Feedback über den Stand der Einarbeitung.
5. Der Stand der Einarbeitung wird auch in den regelmäßigen Mitarbeiterbesprechungen thematisiert. Halten Mitarbeiter ein mögliches kritisches Feedback hier zurück, müssen sie das Vieraugengespräch mit ihrem Vorgesetzten suchen. Ansonsten müssen sie sich später den Vorwurf gefallen lassen, nicht rechtzeitig gewarnt zu haben.
6. Mehren sich die Zeichen, dass der neue Mitarbeiter weder fachlich noch persönlich passt, muss man sich innerhalb der Probezeit, aber auch danach konsequent von ihm trennen.

Was ist zu tun?

1. Machen Sie die Pflege des Personalportfolios zur Chefsache. In jedem Fall geht der Anstoß von der Geschäftsleitung aus.
2. Bei einer Betriebsgröße bis 50 Mitarbeiter muss der Chef seine Leute auf der Meister-, Abteilungs- und Gruppenleiterebene kennen und im Sinne des Personalportfolios einschätzen können.
3. In großen Unternehmen muss die Personalabteilung die Talente und den Entwicklungsbedarf kennen. In diesem Kontext spielen die Personalportfolios eine wichtige Rolle.
4. Je nach Größe des Unternehmens kommen die Unternehmensleitung, Vertreter der Personalabteilung und leitende Mitarbeiter zu einer Art „Talentworkshop“ zusammen, um im Zusammenhang mit der Einschätzung der weiteren geschäftlichen Entwicklung die Personalstrategie für die nächsten Wochen und Monate abzustimmen.
5. In einem Ablaufplan wird festgelegt, wer mit welchen Mitarbeitern in den nächsten Tagen den Gesprächsfaden auf-

nimmt und weiterspult, um durch individuelle Zuwendung die Moral der Mitarbeiter zu stärken und dem „Präsentismus-Phänomen" vorzubeugen (vgl. Kapitel „Dem Präsentismus-Phänomen begegnen – Motivation" direkt im Anschluss).

6. Für die Problemfälle wird jeweils eine individuelle Taktik – von der Ermahnung bis zur Kündigung – abgestimmt. Der Rechtsbeistand wird von vornherein einbezogen.

Dem Präsentismus-Phänomen begegnen – Motivation

Zusammenfassung

In schwierigen Phasen der Unternehmensentwicklung, in denen für Mitarbeiterinnen und Mitarbeiter die Sicherheit des Arbeitsplatzes fraglich wird und Einkommensminderungen möglich sind, wird das Phänomen des „Präsentismus", der Anwesenheit am Arbeitsplatz bei sinkendem Arbeitseinsatz, zum Personal- und Führungsproblem. Ausgehend von den drei Stabilisatoren der Leistung, „Sicherheit", „Sinn" und „Status" werden die Alarmzeichen des Präsentismus erläutert und Möglichkeiten aufgezeigt, wie ihm zu begegnen ist.

Problemstellung

Bekanntlich ist in wirtschaftlich unsicheren Zeiten die Krankenquote in der Wirtschaft deutlich niedriger als in Zeiten der Vollbeschäftigung und Prosperität. „Krankfeiern" fällt aus! „Edelabsentismus" nennt man das Fehlen am Arbeitsplatz aus vorgeschobenen Gründen. Nun könnte man aus volkswirtschaftlicher Sicht argumentieren, die Krise habe schließe also auch ihr Gutes! Wenn auch notorische Faulpelze durch die allgemeine Verunsicherung aktiviert werden, rechnet sich das doch, oder? Zugegeben: Schlechte Beispiele gibt es immer wieder. Trittbrettfahrer und „Laumänner" nutzen jede Chance, um möglichst kräfteschonend über die Runden zu kommen.
Aber das trifft nicht für die Mehrheit der Mitarbeiterinnen und Mitarbeiter zu. Allemal sollten auch diejenigen, die ernsthafte Beschwerden haben, sich besser zu Haus auskurieren, als aus Zukunftsangst im Betrieb zu sein und den Krankheitsverlauf dadurch noch zu verlängern. Überhaupt ist bei näherer ökonomischer Betrachtung die Abwesenheit vom Arbeitsplatz, das Phänomen des „Absentismus", das heißt die begründete oder

unbegründete Abwesenheit von Mitarbeiterinnen und Mitarbeitern, nicht das zentrale Problem, sondern das noch wenig erforschte Phänomen des Präsentismus.

Das Präsentismus-Phänomen

In kritischen Phasen der Unternehmensentwicklung wird der Präsentismus zur besonderen Herausforderung für die Personalarbeit und die Mitarbeiterführung. Mitarbeiterinnen und Mitarbeiter sind zwar am Arbeitsplatz präsent, aber der subjektiv erlebte oder objektiv vorhandene Problemdruck durch materielle Einschränkungen – der drohende Verlust an orientierendem und den Alltag strukturierenden Sinn durch Berufsarbeit und der bedrohte Status – führen schleichend, aber immer schneller zum Einknicken der Leistungskurve.

Die komplexen Zusammenhänge und die schnell wechselnden Konstellationen am Arbeitsplatz erhöhen die Scheu vor Abwesenheit. Dies bedeutet, dass konkrete Fehlzeiten, die leicht in monetäre Einbußen des Betriebes umgerechnet werden können, abnehmen, der Präsentismus hingegen mit nachlassender Produktivität und Zuverlässigkeit der Mitarbeiterinnen und Mitarbeiter zunimmt.

Stefan Boëthius, Geschäftsführer der ICAS Deutschland (Independent Counseling and Advisory Services) weist darauf hin, dass das noch weitgehend unerforschte Phänomen des Präsentismus einen höheren Produktivitätsverlust in der Wirtschaft verursacht als der durch Fehlzeiten, da bei längerer krankheitsbedingter Abwesenheit die Lohnfortzahlung durch die Krankenkassen einsetzt. Dagegen gibt es für Minderleistung anwesender Mitarbeiterinnen und Mitarbeiter keinen „Produktivitätsausgleich“. Boëthius verweist dabei auf eine statistische Untersuchung der Employers Health Coalition of Tampa, wonach der Produktivitätsverlust durch Präsentismus 7,5-mal höher sein soll als der durch Fehlzeiten (Boëthius 2009). Also ist die Unternehmensführung gefordert, dem Präsentismus nachhaltig entgegenzuwirken.

Woran können die Symptome des Präsentismus erkannt werden? Es sind angstmotivierte Verhaltensweisen. Angstmotivierte Menschen sind weder leistungsstark noch ideenreich. Und Angst ist bekanntlich ein schlechter Ratgeber:

- bloß nicht auffallen
- keine Experimente
- Probleme verschweigen
- gedanklich abwesend
- fehlerhafte Leistungen
- zwischen Apathie und gespielter Betriebsamkeit
- an der Arbeit festhalten, sie könnte ja knapp werden
- Fehler anderen in die Schuhe schieben
- Beschäftigung mit persönlichen Angelegenheiten
- Abschotten gegenüber anderen

Das sind einige Signale, die auf Präsentismus hinweisen. Wegsehen und Weghören kann teuerer für das Unternehmen werden als ein aktiver Umgang mit den Betroffenen.
Die Frage ist also, was können Arbeitgeber und Vorgesetzter tun, um ein dauerhaft hohes Leistungsniveau der Mitarbeiter und Mitarbeiterinnen zu sichern, ohne alle Mühseligen und Beladenen nach Hause zu senden oder das Unternehmen zu therapeutischen Anstalten werden zu lassen? Schließlich ist das auch eine Frage der Kosten-Nutzen-Betrachtung. Es ist ein schmaler Grad der Handlungsmöglichkeiten, auf dem man sich hier bewegt. Er soll im Folgenden beschritten werden.

Das magische Dreieck der Leistungsstabilität

Wir gehen von der empirisch belegbaren Beobachtung aus, dass instabile äußere Situationen der Arbeitswelt auch zu einer Instabilität der Personen und ihrer Leistung beitragen können. Also beschäftigen wir uns damit, was die Stabilität der Leistung von Mitarbeitern beeinflusst, was diese Stabilität aus dem

Gleichgewicht bringen kann und wie man in der Personal- und Führungsarbeit konkret damit umgeht.
Nach unseren Erkenntnissen sind es im Wesentlichen die Faktoren:

- Sicherheit,
- Sinn und
- Status,

die die Leistung von Mitarbeitern beeinflussen und idealerweise stabilisieren oder aber – bei Ungleichgewicht – destabilisieren.

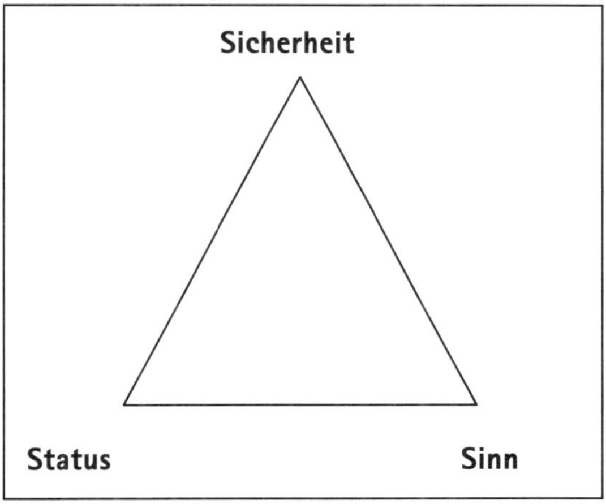

Abbildung 16: Magisches Dreieck der Leistungsstabilität

Die „Sicherheit“ als Leistungsstabilisator hängt insbesondere ab von

- dem Vertrauen in die Unternehmensführung, die Zukunft des Geschäftsmodells und die Strukturen und Prozesse im Unternehmen sowie
- der Berechenbarkeit der materiellen Kompensation der Arbeit zur Sicherung des Lebensunterhalts.

Der „Sinn" als Leistungsstabilisator hängt insbesondere ab von

- der Arbeit selbst und der mit ihr verbundenen Ziele und Aufgaben sowie
- der den Alltag strukturierenden und stabilisierenden Bedeutung der Berufsarbeit.

Der „Status" als Leistungsstabilisator hängt insbesondere ab von

- der Rolle und Funktion im Unternehmen sowie
- den daraus resultierenden kommunikativen Beziehungen innerhalb und außerhalb des Unternehmens.

Sicherheit als Leistungsstabilisator

Das Streben nach Sicherheit gehört zu den Urbedürfnissen des Menschen. Es bedeutet, sich zu behaupten und wehren zu können. In einer feindlichen Umwelt, wo es täglich um physisches Überleben ging, war es von jeher von existenzieller Bedeutung, sich und seine Gruppe „in Sicherheit" zu bringen. Dazu gehören die Abwehr von Bedrohungen, aber auch der feindlich gesinnte Angriff auf Fremde und der Versuch, durch „Exploration" Unbekanntes zu Bekanntem zu machen. Felix von Cube (1992) spricht in diesem Zusammenhang von dem „Neugiertrieb". Anders formuliert: Wer Sicherheit haben will, muss sich auch seiner Haut erwehren.

Die moderne Arbeitswelt mit ihren Schutzgesetzen sichert für Arbeitnehmerinnen und Arbeitnehmer Räume relativer Sicherheit. Zudem verläuft der Kampf um Positionen und Einfluss in den Unternehmen zumeist ritualisiert und ohne (sichtbares) Blutvergießen. Allerdings unterscheidet sich der Grad an Sicherheit erheblich je nach den Beschäftigungsverhältnissen, beispielsweise in einem Start-up-Unternehmen im Vergleich zu einem eingeführten Großunternehmen oder gar einer Behörde. Allerdings unterscheiden sich in vielen Fällen auch die Leistungsanstrengungen der Mitarbeiterinnen und Mitarbeiter in den genannten Organisationen voneinander. Je höher die Unsicherheit, desto größer die Leistungsanstrengung und umgekehrt.

Beispiel: Start-ups mobilisieren Leistung

In dem Start-up-Unternehmen „Virtual Pix" wird die digitale Visualisierung von Gebäuden und Inneneinrichtungen betrieben. Die Idee ist nicht neu, aber der im Vergleich zu Wettbewerbern verbesserte technische Ansatz verspricht einen erfolgreichen Markteintritt. Mit Hilfe einer Start-up-Finanzierung ist es dem Jungunternehmer gelungen, ein Pionierteam zusammenzustellen, das mit ihm Tag und Nacht bei bescheidenen Bezügen das „Überleben" praktiziert, um durch Markterfolge in die Zone relativer Sicherheit vorzudringen.

Demgegenüber können in Organisationen, in denen der Arbeitsplatz auf Lebenszeit garantiert wird, nicht unbedingt Preise für Höchstleistungen vergeben werden. Im Gegenteil: Bleiben auch noch Sanktionen bei schlechter Leistung aus, entsteht nicht selten ein leistungsfeindliches Klima aus Saturiertheit, Zynismus und Apathie. Paradoxerweise führt Sicherheit nicht zu mehr Zufriedenheit, sondern zur Langeweile. Überregulierte Schutzräume verführen zur Unmündigkeit und Infantilisierung der Betroffenen. Der Mensch ist nicht für das Paradies geschaffen, sondern ist auf Anstrengung programmiert (von Cube 1992).

Beispiel: Das „Stromberg-Syndrom"

Eine satirische Fernsehserie gilt sicher nicht als seriöser wissenschaftlicher Beweis. Dennoch: In der Darstellung der Arbeitsverhältnisse in einer Versicherung in der Serie „Stromberg" werden überspitzt typische Verhaltensmuster schlecht geführter, wenig leistungsorientierter Unternehmen auf den Punkt gebracht. Bei der Abwesenheit von Anforderungen, Führung und Kontrolle beschäftigen sich kreative Mitarbeiterinnen und Mitarbeiter lieber mit Privatangelegenheiten, verweilen in Dauerkaffeekränzchen oder gehen sonstigen geistreichen Streichen und Spielen der Erwachsenen nach. Großorganisationen mit ihren Hierarchien und Abteilungskriegen eignen sich vorzüglich für solche Inszenierungen.

Halten wir also fest: Der Mensch strebt nach Sicherheit und ist bereit, dazu Anstrengungen zu unternehmen, also Leistung zu erbringen. Ist der Zustand relativer, maximaler Sicherheit erreicht, weiß der Mensch mit seiner Energie nicht so recht was anzufangen, so als wäre Sisyphus mit seinem Felsbrocken auf dem Gipfel angekommen und fragte sich, was nun? In wirtschaftlich schwierigen Unternehmenssituationen können Mitarbeiterinnen und Mitarbeiter durchaus zu außerordentlichen Leistungsanstrengungen bereit sein, um wieder mehr Sicherheit zu gewinnen. Allerdings wird die Verunsicherung von Betroffenen dann destruktiv, wenn die Komplexität der möglichen existenziellen Bedrohung das Denken, Fühlen und Handeln bestimmt. Es bedarf anderer Mechanismen, um die Leistungsstabilität zu sichern.

Vertrauen reduziert Komplexität

Wenn wir im Büro sitzen und ängstlich an die Decke starren, in der Furcht, Statiker, Architekten und Baumeister könnten einen Fehler gemacht haben und die Decke stürzt möglicherweise auf uns ein, sind wir handlungsunfähig. Vertrauen wir dagegen mehr oder weniger bewusst darauf, dass die anderen schon einen guten Job gemacht haben, können wir uns voll und ganz der eigenen Tätigkeit widmen. Das Gleiche gilt für den Straßenverkehr, die Fahrt mit der Bahn oder den Flug nach Ibiza – wir blenden alle Unfallstatistiken aus, sonst kämen wir nicht vom Fleck.

Vertrauen ist ein sozialpsychologischer Mechanismus, der uns hilft, die Komplexität unserer Umwelt auf die wichtigsten Elemente zu reduzieren. Der gleiche Mechanismus ist auch im Umgang mit anderen Menschen überaus bedeutsam. Vertrauen hilft auch, soziale Komplexität zu reduzieren, ob in der Partnerschaft oder im Beruf.

Frederic Malik hat darauf hingewiesen, dass alle Führungs- und Motivationstechniken versagen, wenn die Mitarbeiterinnen und Mitarbeiter kein Vertrauen in die Führungskräfte haben (Malik 2005). Wie aber können Führungskräfte das Vertrauen ihrer Mitarbeiter gewinnen? Durch echtes, kongruentes und verlässliches Verhalten, oder alltagssprachlich ausgedrückt: Fühlen sich Mitarbeiterinnen und Mitarbeiter durch ihren Chef einmal gelinkt, ist das Vertrauen hin.

Vorbilder sind gefragt

In schwierigen Zeiten kommt der Vorbildfunktion der Unternehmensleitung und der Führungskräfte eine besondere Bedeutung zu. Aussagen zur Unternehmensentwicklung und das Verhalten werden mit gesteigerter Aufmerksamkeit wahrgenommen und interpretiert.

Das Vertrauen in die Geschäftsleitung und die Führungskräfte ist der Schlüssel für die Leistungsbereitschaft und die tatsächliche Leistung der Belegschaft, insbesondere auch in kritischen Phasen der Unternehmensentwicklung. Dabei geht es zum einen, wie oben dargelegt, um die persönliche Glaubwürdigkeit der Akteure. Zum anderen geht es um die wahrheitsgemäße Darstellung der Ist-Situation des Unternehmens und der kurzfristigen Maßnahmen, um aus dem schwierigen Fahrwasser wieder herauszukommen.

Nebelkerzen erzeugen Trotz und Zorn

Unwahrheiten und Nebelkerzen werden von der Belegschaft schnell als Täuschungsmanöver durchschaut und erhöhen Frust und Unlust. Insbesondere Führungskräfte in mittleren Positionen, die sich von der Geschäftsleitung „verschaukelt" fühlen, weil man ihnen Märchen auftischt oder sie ganz im Dunklen lässt, reagieren mit Trotz und Zorn und haben eine entsprechend verheerende Wirkung auf die übrige Belegschaft!

Grundsätzlich hat in allen Phasen der Unternehmensentwicklung die realistische Darstellung des Geschäftsmodells des Unternehmens und die zeitnahe, transparente Darlegung der geplanten kurz- und mittelfristigen Maßnahmen in allen Geschäftsbereichen eine hohe Bedeutung für Mitarbeiterinnen und Mitarbeiter. Große strategische Entwürfe sind zumindest in kritischen Unternehmenssituationen zweitrangig. Es geht erst einmal um das Heute und Morgen. Identifikation mit dem Unternehmen in stürmischen Zeiten wird in der Belegschaft begünstigt, wenn jeder weiß,

- dass er mit seiner Tätigkeit zum Gelingen des Großen und Ganzen beiträgt und
- dass die Besonderheit der eigenen Tätigkeit – mit ihren spezifischen Anforderungen an Wissen, Können und Verantwortung – dem Unternehmen nutzt.

Ist die allgemeine Situation in einem Unternehmen allerdings politisch „vorgewärmt“ und wird sie zusätzlich auf einer Betriebsversammlung aufgeheizt, helfen die hier gemachten Vorschläge nur bedingt weiter.

Betriebsräte einbeziehen

Nun wäre es naiv zu glauben, mit der Information sei es getan. Kritische Mitarbeiterinnen und Mitarbeiter werden die Entscheidungen hinterfragen. Dem muss sich die Unternehmensführung stellen und klar zu getroffenen Entscheidungen stehen. Grundsätzlich muss der Betriebsrat immer und rechtzeitig über den Stand der Dinge informiert werden.

Neben der persönlichen Authentizität der Führung und der Glaubwürdigkeit des Geschäftsmodells ist zu jeder Zeit auch das Vertrauen der Mitarbeiterinnen und Mitarbeiter in die Strukturen und Prozesse eines Unternehmens von hoher Bedeutung für ihre Leistungsstabilität.

Klare Strukturen und Prozesse schaffen „Sinn"

Wenn die Organisation als stimmig betrachtet und die Prozesse als sinnvoll erlebt werden, befinden sich die Mitarbeiter im Einklang mit der Organisation und ihren Zielen. Als unsinnig erfahrene Abläufe verunsichern, erzeugen Ablehnung und lassen am Sinn des ganzen Unterfangens zweifeln.

Ohne Moos nichts los

„Zum Golde drängt, am Golde hängt doch alles, ach wir Armen“, lässt Goethe Faust sagen. Sind wir also dazu verdammt, nach immer mehr Geld zu streben, auch wenn wir längst unsere Grundbedürfnisse mit unserem Einkommen abdecken können? Folgendes Bonmot führt möglicherweise auf die Spur: „Was immer wir an Geld verdienen, jeder lebt an seiner persönlichen Armutsgrenze“, sagte vor Jahren der Chef einer deutschen Landesbank. Der Kern dieses Bonmot deutet darauf hin, dass Arbeit dazu da ist, Geld zu erhalten, das selbst wieder Mittel zum Zweck ist, um unsere Grundversorgung zu ermöglichen bzw. auf einer nach oben offenen Bedürfnisskala Luxus zu konsumieren. Hat man wenig Geld, ist man so lange zufrieden, bis die Grundbedürfnisse befriedigt sind. Dann strebt der Mensch nach neuen Zielen, die zu erreichen, mehr Geld erfordern usw.

„Geld motiviert nicht!“, heißt es immer wieder und es erzeugt auch – ganz nüchtern betrachtet – selbst wenig sinnlichen Genuss, es sei denn, man badet in ihm, wie Dagobert Duck in seinen Geldspeichern. Wer nicht in Entenhausen lebt, bekommt sein Äquivalent für geleistete Arbeit auf elektronischem Wege auf das Girokonto, von wo aus die Zahlungsströme durch Daueraufträge, Überweisungen und Kartenverfügungen weiter verzweigt werden. Freiberufler beneiden in flauen Zeiten Arbeitnehmer, die über so berechenbare Zahlungsströme verfügen. Feste, regelmäßige Geldeingänge entsprechen im hohen Maße dem Bedürfnis der meisten Menschen nach Sicherheit durch „Berechenbarkeit“.

Boëthius geht davon aus, dass bis zu 15 % der Fälle von Präsentismus in den Belegschaften durch finanzielle Probleme begründet sind.

Geldnot wird zum Risiko

Mitarbeiterinnen und Mitarbeiter, die in Geldnöte geraten, können für das Unternehmen zu einer ernsthaften Belastung werden. Zum einen lässt die Leistung nach, zum anderen nimmt das Krankheitsrisiko zu und es wächst die Gefahr irrationaler Handlungsweisen, die sowohl dem Unternehmen als auch den Mitarbeitern schaden.

Es gilt mittlerweile als gesichert, dass Schulden den Gesundheitszustand der betroffenen Personen signifikant verschlechtern. Aktuell wird dies durch eine Studie des Instituts für Arbeits-, Sozial- und Umweltmedizin an der Johannes Gutenberg-Universität belegt. Demnach leiden acht von zehn überschuldeten Personen zumindest an einer Krankheit, wobei den Betroffenen vor allem psychische Erkrankungen und Gelenk- und Wirbelsäulenerkrankungen zu schaffen machen. Die Studie „Armut, Schulden und Gesundheit" (ASG-Studie 2008) zeigt am Beispiel von Rheinland-Pfalz erstmals quantitativ den Gesundheitszustand von überschuldeten Privatpersonen in Deutschland auf. Insgesamt belegt die Studie die Annahme, dass die überschuldeten Privatpersonen in Deutschland in den meisten Fällen über einen nur mangelhaften Gesundheitszustand verfügen. Wenn wir nun einen Blick auf die persönlichen und sozialen Auswirkungen von Ver- und Überschuldungssituationen werfen, wird schnell deutlich, dass durch den fragilen Gesundheitszustand auch und besonders die Arbeitsfähigkeit (bzw. die Beschäftigungsfähigkeit) dieses Personenkreises signifikant gefährdet ist (ASG-Studie 2008).

Aus betrieblicher Sicht muss daher davon ausgegangen werden, dass sich der gesundheitliche Zustand dieser Mitarbeiter und Mitarbeiterinnen negativ auf deren Arbeitsleistungen auswirkt. Handelt es sich dabei noch um Leistungsträger, sind die negativen Folgen für das Betriebsergebnis umso stärker.

Erhöhter Aufwand für den Betrieb

Finanzielle Probleme von Mitarbeiterinnen und Mitarbeitern äußern sich unter anderem durch nachlassende Arbeitsmotivation, steigenden Bedarf an Personalbetreuung sowie eventuell durch die Notwendigkeit, sicherheitsrelevante Bereiche zu überwachen.

Sinn als Leistungsstabilisator

Es kommt nicht so sehr darauf an, was man macht, sondern wie man es macht: Die persönliche Haltung zählt. Wichtig ist es, in den Aufgaben und Zielen der Arbeit einen Sinn zu sehen. Nun ist nicht jeder ein Albert Schweitzer und somit von vornherein mit einem hohen moralischen Anspruch versehen. Trotzdem kann Arbeit als etwas Sinnvolles betrachtet werden.

Der „Sinn" im Berufsleben kann sich aus folgenden Quellen speisen:

- das Große und Ganze des Unternehmens mit seinen Produkten und Dienstleistungen, für die es einen Markt gibt, also ein realer Bedarf besteht
- das Besondere der Produkte und Dienstleistungen und deren Qualität, mit denen man sich identifizieren kann
- der eigene Leistungsbeitrag, der zum Gelingen des Großen und Ganzen beiträgt
- die Besonderheit der eigenen Tätigkeit mit ihren Anforderungen an Wissen, Können und Verantwortung
- die mentalen Herausforderungen durch neue Problemstellungen und Anforderungen
- der Wettbewerb mit anderen.

Untersuchungen und Befragungen kommen immer wieder zu dem Ergebnis, dass eine „sinnvolle Tätigkeit" von Mitarbeiterinnen und Mitarbeitern als befriedigend und motivierend empfunden wird und einen höheren Stellenwert einnimmt als die Bezahlung.

Beispiel: Müßiggang gibt keinen Sinn

In Interviews mit Lottogewinnern werden sehr häufig ähnliche Lebensverläufe deutlich. Nach der ersten Euphorie und dem Versuch, ein Leben in Müßiggang zu leben, nehmen viele wieder eine Arbeit auf, um etwas Sinnvolles zu tun, aber auch um dem Chaos des selbst verantworteten Alltags zu entkommen.

Berufsarbeit strukturiert den Alltag der Menschen und vermittelt so Stabilität. Sie ist ein wesentlicher Teil menschlicher Sinnerfüllung. Aus eben diesem Grunde hat Arbeitslosigkeit eine existenzielle Bedeutung. Die strukturierende und ordnende Funktion einer regelmäßigen beruflichen Tätigkeit entfällt, die Befriedigung der „Funktionslust" durch Ausübung der gelernten und in der Praxis geschulten Fertigkeiten findet nicht statt und außerdem sind die sozialen Kontakte reduziert. Das Fehlen von Arbeit wird als Sinnverlust erlebt und kann krank machen. Viktor Frankl, der Begründer der Sinntherapie, rechnet den

Sinnverlust bei der Arbeit den existenziellen Bedrohungen wie dem Verlust eines Angehörigen zu (Frankl 1987).

Wirtschaftskrise wird zur Sinnkrise

In Krisenzeiten droht „Sinnverlust". Das Große und Ganze, für das man gearbeitet hat, gerät in Gefahr. Die Nachfrage nach den Produkten und Dienstleistungen, mit denen man sich identifiziert, schwindet. Damit schwindet auch die Bedeutung des eigenen Leistungsbeitrags. Und außerdem stellt das Gespenst der Arbeitslosigkeit eine existenzielle Bedrohung dar.

Status als Leistungsstabilisator

Der Status von Mitarbeiterinnen und Mitarbeitern in einem Unternehmen wird durch informelle und formelle Aspekte mit bestimmt und kann daher nur teilweise durch aktive Personal- und Führungsarbeit beeinflusst werden. Der Betrieb bietet, ob gewollt oder ungewollt, den Rahmen für die Erfüllung – oder Nichterfüllung – des grundlegenden menschlichen Bedürfnisses nach sozialen Kontakten. Dieser soziale Kontakt wird auf der Sach- wie auch auf der Beziehungsebene hergestellt.

Bei dem Zusammenspiel von Sach- und Beziehungsebene sollten folgende Punkte beachtet werden:

- Produktiv sind Arbeitsbeziehungen, in denen auf einer positiven Beziehungsebene sach- und problemlösungsorientiert zusammengearbeitet wird.
- Rein formelle, sachorientierte Zusammenarbeit kann durchaus produktiv sein, ist aber störanfällig, da die Beziehung eher unterkühlt ist.
- Ausschließliche Beziehungspflege ohne Sachbezug ist unproduktiv und findet in Form von Kaffeekränzchen statt.
- Völlig unproduktiv, ja destruktiv ist ein Arbeitskontakt mit schwachem Beziehungs- und Sachaspekt.

Vieles, was gruppendynamisch zwischen Menschen im Betrieb abläuft, geschieht im Verborgenen. Personal- und Führungsarbeit ist dort gefordert, wo

- einzelne zu Mobbingopfern zu werden drohen,
- Beziehungskriege zwischen einzelnen Personen oder Gruppen den Betriebsablauf und das Betriebsergebnis negativ beeinflussen und
- Hochleistungsteams in ihrer Produktivität nachlassen.

Untergangsstimmung lähmt

In kritischen Unternehmenssituationen ist die Gefahr groß, dass das funktionierende Netzwerk von Arbeitsbeziehungen Schaden nimmt. Statt gemeinsam die Aufgaben zu regeln, wird der „Untergang" zum Thema und einst produktive Personenkonstellationen werden zu „Jammerzirkeln".

Neben dem individuellen Status im betrieblichen Netzwerk hat auch der formelle Status für Mitarbeiterinnen und Mitarbeiter eine stabilisierende Bedeutung. Auch wenn heute in der Wirtschaftsliteratur tief gestaffelte Hierarchien mit entsprechenden Titeln und Bezeichnungen verpönt sind, kommt einer wohldosierten Positionsdifferenzierung ein hoher Stellenwert für die Leistungsbereitschaft und das Selbstwertgefühl des Personals zu.

Fehlende Karriereleitern sind ein Problem

In der Anfangsphase des Lean-Managements, in der das mittlere Management weitgehend ausgeschaltet wurde und in flachen Organisationen Führungskräfte für zahlreiche Teams verantwortlich waren, wich die Euphorie schnell der Ernüchterung. Mitarbeitern in flachen Organisationen fehlte, neben dem direkten Zugang zu einem Vorgesetzten, der Leistungsanreiz, weil es keine Karriereleiter gab.

Man kann darüber lächeln oder aber auch verhaltensbiologisch argumentieren: Menschen mit Leistungspotenzial und Ehrgeiz wollen sich in Gruppen immer auch durch Aufstieg differenzieren. Das dient dann auch der Gruppe und dem ganzen Unternehmen, vorausgesetzt, die Stelle wird wirklich – nach fachlichen und menschlichen Aspekten – mit der richtigen Frau bzw. dem richtigen Mann besetzt.

Was ist zu tun?

Sicherheit kann nicht herbeigeredet werden. Hausgemachte strategische Krisen mit drohenden Absatz-, Umsatz- und Liquiditätskrisen oder Konjunkturdellen oder gar Weltwirtschaftskrisen treffen Unternehmen und ihr Personal in gleicher Weise. Ursachenforschung ist für den Chronisten möglicherweise von Interesse, die Betroffenen aber müssen handeln.

Dazu gehört, dass die Unternehmensleitung, die Personalabteilung und die Führungskräfte versuchen, ihre bisherigen Leistungsträger „bei der Stange“ zu halten. Das soll nicht heißen, dass diese nicht für sich selbst verantwortlich sind und deshalb „gepampert“ werden müssen. Nein, wir sprechen hier bewusst von „Arbeitskraftunternehmern“, die für ihr Wissen und Können und den für sie optimalen Arbeitsplatz selbst verantwortlich sind. Aber in einem Beschäftigungsverhältnis, in dem mental und materiell eine Destabilisierung der Leistungskraft von Mitarbeiterinnen und Mitarbeitern droht, sind Arbeitgeber gut beraten, die Personalbetreuung zu intensivieren.

Die destabilisierenden Elemente in kritischen Phasen sind jetzt bereits dargestellt worden. Was ist zu tun?

1. In den 1970er Jahren wurden in Deutschland sogenannte Rückkehrgespräche eingeführt. Insbesondere in der Fertigungsindustrie mit hohen krankheitsbedingten Fehlzeiten erweisen sich diese Gespräche von geschulten Vorgesetzten als erfolgreich, um dem „Absentismus“ zu begegnen. Heute bedarf es auch vermehrt solcher Gespräche, aber nicht mit denen, die zu Hause bleiben, sondern mit denen, die von Zukunftsängsten geplagt sind. Braucht man dafür Gesprächspsychologen? Nein! Aber Führungskräfte, die ein offenes Ohr haben, nicht nur beschwichtigen, sondern Verständnis zeigen – und vor allem Perspektiven aufzeigen.

2. Perspektiven aufzeigen heißt, Aufgaben neu zu verteilen und flexibel Ziele nach sich ergebenden Chancen und Notwendigkeiten zu verteilen (vgl. Kapitel „Aufgaben und Ziele aktualisieren – Chancen“), die den Talenten der Mitarbeiter

besonders entsprechen und die auch dem Unternehmen helfen, kurzfristig neue Chancen wahrzunehmen.

3. Perspektiven aufzeigen heißt auch, temporär Aufgaben neu zu verteilen, die dabei helfen können, in schwierigen Situationen sich für neue Herausforderungen fit zu machen. Das können Projekte sein, in denen die Aufbau- und Ablauforganisation optimiert wird (vgl. Kapitel „Die Flaute nutzen – Reorganisation). Das können Qualitätsoffensiven, vor allem aber Absatz- und Vertriebsaktionen sein, in die die Mitarbeiter mit einbezogen werden. Das gibt Vertrauen in die Zukunft und vermittelt relative „Sicherheit“, gibt „Sinn“ und sichert den „Status“ der Beschäftigten im Unternehmen.
4. Unternehmen können keine „Schuldenberatung“ machen, wenn Mitarbeiterinnen und Mitarbeiter in eine Schuldenfalle zu laufen drohen. Zum einen will das der Arbeitnehmer nicht – es ist ihm peinlich, wenn durch Lohnpfändungen die Probleme im Betrieb offensichtlich werden. Zum anderen kann und darf das ein Unternehmen nicht.
5. In Nordrhein-Westfalen gibt es erste Feldversuche, in einem mittelständischen Verbundsystem anonym Schuldenberatung für Interessenten der beteiligten Firmen anzubieten. Das scheint ein lohnenswertes Muster zu sein. Denn droht die private Insolvenz, sind die betroffenen Mitarbeiter für das Unternehmen meist verloren.
6. In der Informationspolitik des Unternehmens sollte in Abstimmung mit dem Betriebsrat – so weit wie möglich – mit offenen Karten gespielt werden. Dabei müssen allerdings Wettbewerbsaspekte berücksichtigt werden.
7. Die Entscheidungen der Geschäftsleitung müssen fundiert und unmissverständlich erläutert und verkündet werden. Fangen Mitarbeiterinnen und Mitarbeiter erst einmal an, darüber zu diskutieren, welche Maschinen verkauft werden sollten, damit ihre Gehälter gezahlt werden können, hört der Spaß auf.

8. Bei Eingriffen in die Bezahlung (vgl. Kapitel „Alle Stellschrauben bewegen – Personalkosten“) bzw. in die Arbeitszeitreglung (vgl. Kapitel „Den Einsatz fein justieren – Zeitressourcen“) muss darauf geachtet werden, dass individuelle Veränderungen in der richtigen Relation zu der wichtigsten Bezugsgruppe der Mitarbeiter erfolgt. Die absoluten Veränderungen schmerzen nicht so sehr, wie die als ungerecht empfundenen relativen Veränderungen im Vergleich zu der eigenen Bezugsgruppe.

Die Flaute nutzen – Reorganisation

Zusammenfassung

Unternehmen, die durch kontinuierliche Verbesserung ihre Kernprozesse schlank und effizient halten und ständig die gesamte Wertschöpfungskette im Blick haben, überstehen meist auch wirtschaftlich schwierige Phasen. Allerdings fehlt es in Boomphasen mit hohem Auftragseingang und hochtouriger Produktion bzw. Dienstleistung häufig an Zeit und an hauseigenem Wissen und Können, um die Prozesse zu optimieren. Mit Hilfe externer Berater werden zumeist nur Effekte von kurzer Dauer erzielt. Was in Boomzeiten versäumt wurde, kann aber gerade in Zeiten freier Kapazitäten nachgeholt werden: Statt Personal nach Hause zu schicken, werden gemeinsam mit den betroffenen Mitarbeitern die wichtigsten Wertschöpfungsprozesse überprüft und verbessert. Dieses erfordert eine strikte Projektorganisation. Leistungsträger, die unbedingt an Bord bleiben sollen, fassen durch die neue Aufgabe Mut. Die Projekte vermitteln „Sicherheit“, weil für die Zukunft gearbeitet wird, sie geben „Sinn“, denn die Ergebnisse sind messbar, und durch die neuen Rollen im Projektmanagement und die intensive, zweckgebundene Zusammenarbeit in neu geschaffenen Teams stabilisieren sie den „Status“ der Mitarbeiter. An Beispielen aus dem Dienstleistungssektor und der Produktion – einschließlich Forschung und Entwicklung und Vertrieb – wird dieser Ansatz verdeutlicht.

Problemstellung

Wenn die Auswirkungen weltweiter wirtschaftlicher Erschütterungen ganze Branchen und die einzelnen Unternehmen erreicht haben, sinken Umsätze und Erträge – und dann haben die Steuerung und der Erhalt der Liquidität höchste Priorität. Droht dann noch eine Kreditklemme, weil die Banken ihre Risikosteuerung verschärfen bzw. der Kreis relevanter Kreditgeber für den Mittelstand kleiner geworden ist, ist die Finanzierungsfrage das Topthema. Der schwierige Balanceakt zwischen Finanzierung, Liquidität und Kostenmanagement auf der einen Seite und der Investition in das vorhandene Personal auf der anderen Seite muss in jedem Betrieb je nach Lage und Perspektive entschieden und gemeistert werden. Letztendlich geht es um die Frage: Können wir es uns finanziell erlauben (und haben wir den Mut), bei einer zwar stürmischen Großwetterlage, aber einer Auftragsflaute im Betrieb die unternehmerischen Wertschöpfungsprozesse zusammen mit den vorhandenen Mitarbeitern zu verbessern, oder müssen wir sie nach Hause schicken? Hier wird die erste Variante mit ihren Möglichkeiten und Chancen beschrieben.

Wertschöpfung verbessern

Unternehmen müssen ständig auf allen Ebenen und mit allen Instrumenten ihre Funktionsfähigkeit, Effizienz und Effektivität überprüfen und verbessern. Wird dieses in „guten Zeiten" versäumt, sind die Strukturen und Prozesse nicht optimal gestaltet und liegt die reale Wertschöpfungsquote zwischen 50 und 70 %, wird es sofort sehr kritisch, wenn die Geschäfte mäßig laufen und die Prognosen düster sind.

Wenn dann zu heftig gespart wird, ist irgendwann die Personaldecke so dünn und das Betriebswissen so geschwächt, dass es nur noch eines Hauchs bedarf – und das Unternehmen fällt wie ein Kartenhaus in sich zusammen.

Gerade aber in schwierigen Zeiten ist ein Produktivitätsmanagement gefragt, durch das die gesamte Organisation einschließlich ihrer Prozesse für den nächsten Aufschwung vorbereitet wird. Nicht Rausschmiss ist angesagt, sondern die wirkliche Nutzung der Humanressourcen. Denn das Betriebswissen der Mitarbeiter ist mehr wert als das von professionellen Beratern.
Der Altmeister der Managementlehre, Peter F. Drucker, hat sich vor Jahren mit dieser Thematik auseinandergesetzt. Seine Thesen sind auch heute noch aktuell. Den Mitarbeitern räumt er eine hohe Bedeutung bei Fragen der Produktivitätssteigerung

ein: „Fragen Sie die Leute, die die Arbeit ausführen, wenn Sie herausbekommen wollen, wie sich Produktivität, Qualität und Leistung verbessern lassen.“ (Drucker 2005, S. 46).
Aber wenn Unternehmen in ihrem „Lebenslauf“ einen kritischen Punkt erreicht haben und Trägheit und mangelnde Effizienz offensichtlich werden, haben die Entscheider selten Vertrauen in das Potenzial der eigenen Belegschaft. Man arbeitet eher gegen die eigene Mannschaft, wenn es um Rationalisierungsmaßnahmen geht. Der folgende Satz steht stellvertretend für diese geistige Haltung: „Wenn Du einen Sumpf trocken legen willst, frag nicht die Frösche um Rat.“
Dann schlägt die Stunde der externen Berater und eines Ad-hoc-Verfahrens zur Verbesserung von Prozessen und Ergebnissen. Die Resultate solcher Verfahren sind aber häufig problematisch. In der Praxis lassen sich die errechneten Rationalisierungspotenziale oft nicht ohne Weiteres durch die vorgeschlagenen Maßnahmen umsetzen. Bei Leistungsanalysen – wie der Gemeinkosten-Wert-Analyse zum Beispiel – bleibt das komplexe organisatorische Gefüge weitgehend unberücksichtigt und außerdem kommen sozialpsychologische Störungen in der Belegschaft hinzu.
Vor der Einbeziehung externer Berater sollte man daher folgende Punkte bedenken:

- Gemeinkosten-wertanalytischorientierte Ansätze (GWA) weisen Rationalisierungspotenziale in Einzelbereichen nach, ohne die Aus- und Wechselwirkungen im gesamten Leistungsgefüge zu benennen. So kommt es vor, dass man an einer Stelle Leistungen reduziert, die an anderer Stelle zwangsläufig wieder aufgenommen werden, um die Gesamtleistung nicht zu gefährden. Die Kostenersparnis ergibt sich nur auf dem Papier, in der Praxis ist es ein – allzu teures – Null-Summen-Spiel.
- Organisationsberatern eilt häufig ein zweifelhafter Ruf voraus, was zu Abwehrreaktionen bei den Mitarbeitern führen kann. In einem Klima des Misstrauens entstehen aber kaum brauchbare Untersuchungsergebnisse, auf die man sich ver-

lassen kann. Berater verweisen bei diesem Argument meist auf ihre Erfahrung und ihre Kontroll-Durchschnittswerte. Wozu dann aber der ganze scheinempirische Aufwand, wenn doch nur Norm-Kennziffern übernommen werden?

- Untersuchungen dieser Art sind Einmalmaßnahmen. Die Gefahr ist groß, dass die Effekte nur kurzfristig sind, wie bei dem Bauern, der mit dem teuer eingekauften Agrarberater die Vögel von seinem frisch eingesäten Acker verbannen will: Der Berater klatscht in die Hände, die Vögel fliegen auf – der Berater kassiert und geht. Die Vögel fallen wieder ein, allerdings jeder Vogel an einer anderen Stelle.

Produktivitätsmanagement mit Mitarbeitern

Einige Beispiele aus dem Dienstleistungssektor und der Fertigungsindustrie zeigen hingegen Möglichkeiten auf, Prozesse zur (kontinuierlichen) Verbesserung von Produktivität und Qualität gemeinsam mit den betroffenen Mitarbeitern zu gestalten. Gerade die geschäftliche Flaute nach einer Boomphase lässt sich für Optimierungsprozesse nutzen, wie die folgenden Beispiele zeigen sollen.

Optimierung von Dienstleistungen

Im Dienstleistungsbereich hat Peter F. Drucker nachdrücklich mehr Produktivität gefordert und zugleich Ansatzpunkte für ein Produktivitätsmanagement mit den Mitarbeitern – und nicht gegen sie – aufgezeigt. Er empfiehlt, die Verantwortung für Produktivität und Leistung in jeder Servicetätigkeit – unabhängig vom Rang oder Kenntnisstand der Mitarbeiter und unabhängig vom Schwierigkeitsgrad – in den unmittelbaren Verantwortungsbereich der Mitarbeiter zu integrieren. Dazu sind Produktivitätsstandards zu definieren und im Arbeitsprozess zu verankern. Er mahnt an, dass Dienstleister produktiver werden müssen, weil

- seit der Einführung der Informationstechnik das Heer der Büroangestellten schneller zugenommen hat als je zuvor und bei den Dienstleistungstätigkeiten sich so gut wie keine Produktivitätssteigerung ergeben hat,
- statt „Job Enrichment“ durch neue produktive Aufgaben eine schleichende „Verarmung“ der Arbeit durch sachfremde Tätigkeiten erfolgt, was die Produktivität senkt und die Moral und Motivation der Mitarbeiter auslaugt.

In der Steigerung der Produktivität der Dienstleister sieht Drucker die dringendste soziale Herausforderung für die entwickelten Länder. Für die hoch industrialisierten Länder wird aller Voraussicht nach zukünftiger Wohlstand – und damit auch politische Stabilität – ganz entscheidend davon abhängen, ob es gelingt, den tertiären Sektor der Dienstleistungen und Verwaltung kostensparend und effektiv zu gestalten.

Konzentration auf Kernaufgaben

Als Ursache für die unzureichende Produktivität von Dienstleistung und Verwaltung nennt Peter F. Drucker die mangelnde Konzentration auf die Kernaufgaben eines Funktionsbereichs, die zur schleichenden Agonie ganzer Organisationen, sogar ganzer gesellschaftlicher Teilbereiche führt.

Durch Zunahme fremder, zumeist administrativer Tätigkeiten, die im Kern nicht der Stelle, Aufgabe und Qualifikation eines Mitarbeiters entsprechen, werden Motivation und Leistung gedrückt. Wissens- und Servicearbeit verlangt Konzentration auf die Ausführung einer Aufgabe.

Beispiel

„Ein Chirurg ist im Operationssaal telefonisch so wenig erreichbar wie der Anwalt, der gerade von einem Klienten konsultiert wird. Doch in Organisationen, wo nun einmal der größte Teil der Wissens- und Dienstleistungstätigkeit erfolgt, wird geteilte Aufmerksamkeit mehr und mehr zur Norm. Die große Mehrheit der Techniker, Krankenschwestern, Mittelmanager und dergleichen muss sich mit einer ständig wachsenden Last von Geschäftigkeit herumplagen, mit Aktivitäten, die wenig oder nichts zur Wertschöp-

> fung beitragen und kaum mit dem zu tun haben, wofür diese Spezialisten qualifiziert sind und bezahlt werden." (Drucker 2005, S. 43).

In vielen Dienstleistungsbereichen, ob bei Banken, Versicherungen oder im Handel, nimmt seit Jahren bei aller Technisierung und Automatisierung und trotz stetigem Bemühen um schlanke Abläufe der bürokratisch-administrative Aufwand zu. Zulasten wertschöpfender Tätigkeiten wächst ein Konglomerat an unproduktiver Selbstadministration, verursacht unter anderem auch durch gesetzliche Auflagen und Bestimmungen.

Bürokratiekosten

Im Rahmen der Bemühungen zur Vermeidung oder Verringerung der Kosten, die aufgrund staatlicher Bestimmungen entstehen, wird insbesondere auf den zusätzlichen Verwaltungsaufwand in den Betrieben verwiesen, der durch deren Informations- und Dokumentationspflichten entsteht.

Hinzu kommt der Wust an innerbetrieblichen Informationen per E-Mail sowie Anweisungen und Arbeitsrichtlinien, deren Verarbeitung und Umsetzung ganze Heerscharen von Mitarbeitern binden. Alles zusammen, gepaart mit Gedankenlosigkeit und unreflektierten Routinetätigkeiten, geht zulasten der Produktivität.

Beispiel: Produktivitätsmanagement in der Bank

In einer gemeinsam mit Mitarbeitern vorgenommenen Analyse in einer Privatkundenbank mit profitcentergesteuertem Filialbetrieb wurde festgestellt, dass etwa 80 % der Arbeit auf administrative Tätigkeiten entfallen. Lediglich 20 % der Zeit werden für die eigentlich wertschöpfenden Tätigkeiten des Beratens und Verkaufens von Bank- und Versicherungsprodukten verwandt. Bei näherer Betrachtung stellte sich heraus, dass ein Gemisch aus Anweisungen, Auflagen und Verordnungen, falsch genutzter Technik und interner gedankenloser Routine diesen niedrigen Produktivitätsstandard verursacht hatte. Gesetze, Richtlinien, Anweisungen und Verfahrensvorschriften mit Dokumentationserfordernissen binden Kräfte. Da Zeit und Mitarbeiter im Dienstleistungsgewerbe die teuersten Produktivitätsfaktoren sind und nicht beliebig vermehrt werden können, geht der Administrationsaufwand zulasten von Umsatz und Ertrag – und auch an die Substanz des Unternehmens.

Will man Ernst machen und die Mitarbeiter in die Verantwortung für die Produktivität und deren ständige Überprüfung einbinden, stellen sich auch neue Aufgaben in der Mitarbeiterführung. Für Dienstleistungsunternehmen mit Kundenkontakt lassen sich zwei Formen der Mitarbeiterbeteiligung an der Sicherung und Verbesserung der Produktivität unterscheiden:

- temporäre Produktivitätsprojekte
- kontinuierliches Produktivitätsmanagement in der Zusammenarbeit von Führungskräften und Mitarbeitern

In dem genannten Beispiel hat sich die Arbeit in projektorientierten Produktivitätszirkeln bewährt. In Projektteams wurden in zweitägigen Workshops unter Expertenanleitungen typische Filialaufgaben, Tätigkeiten und Abläufe mit ihren jeweiligen Schnittstellen überprüft. Dabei konnten im Erfahrungsaustausch schon eine ganze Reihe „kleiner Zeitkiller" identifiziert, bewertet und mit verhältnismäßig geringen organisatorischen „Bordmitteln" reduziert oder eliminiert werden.
Darüber hinaus ging es bei der Schwachstellenanalyse auch um die EDV-Nutzung. Ein in der täglichen Arbeit sehr häufig notwendiger Wechsel zwischen den Programmen erwies sich als der Zeitkiller Nummer 1. Durch die Einrichtung einer PC-Zwischenlösung konnte ein messbarer, erheblicher Produktivitätsspielraum gewonnen werden.

Neues Produktivitätsverständnis schaffen

Will man über die einmalige Aktion hinaus die Produktivitätsverbesserung dauerhaft absichern, muss dieses Thema in den Prozess der Mitarbeiterführung Eingang finden. Es geht dabei um die ständige Feinjustierung von Aufgaben, Tätigkeiten und Leistungen. Die Konzentration auf das Wesentliche, das Abschneiden unproduktiver Tätigkeiten und die positive Routine produktiver Tätigkeiten ist Gegenstand der Kommunikation zwischen Führungskräften und Mitarbeitern.

Wichtige Führungsaufgabe ist dabei, durch die ständige Wiederholung der Frage „Was ist unser Beitrag zur Wertschöpfung?“ ein mentales Produktivitätsverständnis bei Mitarbeitern zu schaffen – das ist die Grundlage für ein verändertes Verhalten. Mitarbeiter müssen erkennen, dass

- die Suchen nach Akten und nicht sinnvoll eingerichteten Dateien,
- die mehrfache telefonische Rücksprache ohne abschließendes Ergebnis und
- die mühselige Suche und Korrektur von Fehlern

im Kern unproduktiv sind. Mit dieser Erkenntnis beginnt der Weg zur Verhaltensänderung. Auf diesem Weg müssen die Mitarbeiter aber begleitet werden.

Drei Ansatzpunkte gibt es für eine auf Produktivität ausgerichtete Mitarbeiterführung: In einem ersten Schritt nehmen Vorgesetzte und Mitarbeiter gemeinsam eine Analyse der zentralen Leistungen, Aufgaben und Tätigkeiten vor, um so die Kernaufgaben herauszustellen und die Unproduktivität zurückzudrängen.
Grundsätzlich müssen alle Aufgaben und Tätigkeiten, die nicht zum Kerngeschäft eines Mitarbeiters bzw. einer Gruppe oder Abteilung gehören, auf ihre Sinnhaftigkeit und ihren Nutzen hin befragt werden. In Unternehmen kommt durchaus immer wieder mal das „Schneeglöckchen-Phänomen“ vor, also vagabundierende Aufgaben, die aus Gedankenlosigkeit weitergeführt werden, obwohl sie schon längst nicht mehr sinnvoll sind.

Beispiel: „Schneeglöckchen-Phänomen"

Am englischen Hofe – so die Geschichte – wurde über Generationen bei der täglichen Einteilung der Wachen eine Wache mitten im Garten postiert. Der – längst vergessene – Grund aber war, dass eine kleine Prinzessin, vor 200 Jahren im Garten spielend ein Schneeglöckchen gefunden hatte und eine Wache am Hosenbein dorthin zog, damit sie darauf achtgab, dass das Blümchen keinen Schaden nahm.

Als einfaches Hilfsmittel einer Bestandsaufnahme dient ein Schema zur Aufgabenanalyse, in dem die Hauptaufgaben aufgelistet werden, verbunden mit den dazu gehörigen Tätigkeiten. Dabei werden auch die Häufigkeiten dieser Tätigkeiten und der jeweilige zeitliche Umfang erfasst.
Dadurch soll ein Verständnis dafür hergestellt werden, welches die produktiven Hauptleistungen einzelner Mitarbeiter und ganzer Mitarbeitergruppen sind. Die Schnittstellen zu anderen Leistungserbringern, von denen man Leistung empfängt bzw. denen man Leistungen zur Verfügung stellt, müssen hierbei klar herausgearbeitet werden, um Reibungsprobleme zu erkennen und zu beseitigen.
Ein Hilfsmittel zur Konsensbildung und Fokussierung auf Kernaufgaben ist die Portfolioanalyse. Dabei werden die Aufgaben in der Häufigkeit ihrer Bearbeitung ins Verhältnis zur Wichtigkeit für die Leistungserbringung gesetzt, sodass sich vier Felder ergeben.

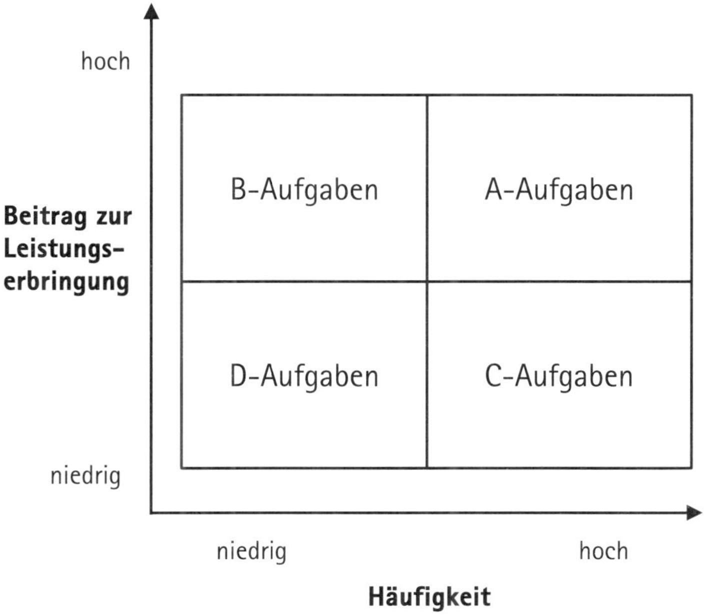

Abbildung 17: Aufgabenportfolio

Das Feld A enthält die zentralen Aufgaben und Tätigkeiten eines Mitarbeiters. Hier gilt es anzusetzen, um möglichst viel Energie auf die effektive Erledigung dieser Aufgaben zu verwenden.
Im Feld B sind wichtige Aufgaben abgebildet, für die allerdings wenig Aufwand erforderlich ist. Hier bedarf es keiner besonderen Konzentration.
Feld C ist problematisch. Hier werden mit hohem Aufwand Aufgaben erledigt, die aber eine niedrige Bedeutung für die Leistungserbringung haben (Listenerstellung, Statistiken, Bestandsmeldungen usw.). Wenn es sich um innerbetrieblich veranlasste Arbeiten handelt, sollte man ruhig mal beim Verursacher nachfragen und sich bezüglich des Nutzens dieser Aufgabe rückversichern.
Feld D enthält die Aufgaben ohne hohen Aufwand und ohne hohen Leistungsbeitrag, die unhinterfragt als lästige Routine mitlaufen. Hier muss untersucht werden, ob diese Tätigkeiten reduziert werden oder ganz wegfallen können.
In einem zweiten Schritt werden auf Basis dieser Analyse quantitative und qualitative Produktivitätsstandards vereinbart, für die die Mitarbeiter selbst verantwortlich sind. Können die Standards nicht eingehalten werden, liegt es beim Mitarbeiter, mit der Führungskraft zusammen die Situation neu zu bewerten.
In der Praxis hat sich auch eine Zielvereinbarung bewährt, die die Mitarbeiter daran bindet, die bei der Bearbeitung eines Vorgangs auftretende Fehler sofort bis hin zur Fehlerursache zurückzuverfolgen und zu beheben. Dadurch werden Fehlerursachen zeitnah und nachhaltig beseitigt.

Gewonnene Produktivitätsspielräume nutzen

In einem kontinuierlichen Prozess der Produktivitätsverbesserung kann es aber nicht dabei belassen werden, Zeitkiller zu identifizieren und zu eliminieren. Gewonnene Freiräume gehen sehr schnell wieder verloren, wenn sie nicht mit definierten produktiven Tätigkeiten angefüllt werden.

In einem dritten Schritt werden – das gilt insbesondere für Vertriebsorganisationen – dann neue oder zusätzliche Vertriebsaktivitäten per Zielvereinbarung festgeschrieben. Produktivitätsmanagement enthält demnach nicht nur die Rationalisierungskomponente, sondern auch eine Vertriebskomponente.

Optimierung von Forschung und Entwicklung Produktion und Vertrieb

Der oben dargestellte Ansatz aus dem Dienstleitungsbereich zielt eher darauf ab, im Sinne von Peter F. Drucker die Verbesserung der Produktivität in das Aufgabenverständnis aller Dienstleiter, ob Gebäudereiniger oder Arzt, zu integrieren und somit als Daueraufgabe zu verstehen. Im produzierenden Gewerbe gibt es dagegen durchaus Beispiele, wie in der Flaute Mitarbeiter ad hoc zu „Reorganisatoren“ und „Prozessoptimierern“ werden.

Beispiel: SEW-Eurodrive

Das Familienunternehmen SEW-Eurodrive beschäftigt 2008 in seinen elf Fertigungs- und 61 Montagewerken 11.000 Mitarbeiterinnen und Mitarbeiter in 43 Ländern. In diesem Unternehmen wird die Absatzflaute konsequent zur Optimierung aller Prozesse, von der Forschung und Entwicklung über die Fertigung bis hin zum Vertrieb, genutzt. Johann Soder, Geschäftsführer des Unternehmens, begründet dieses Vorgehen damit, dass in Zeiten des Booms und der Vollbeschäftigung der Wertschöpfungsgrad vernachlässigt wird. Dieser liege in der Industrie in Deutschland nur bei 60 bis 70 %. Deshalb gehe es darum, nicht nur immer auf die Produktion zu starren, sondern „das Unternehmen als Ganzes zu betrachten, also die gesamte Wertschöpfungskette zu analysieren. Und dies beginnt beim Telefonat mit dem Kunden und endet, wenn das gewünschte Produkt fertig auf dem Hof steht. Die Wertschöpfungskette beinhaltet also neben der Produktion auch Forschung und Entwicklung, Vertrieb sowie alle unterstützenden Bereiche" (Soder 2009, S. 74). Insgesamt schätzt Soder das Wertschöpfungspotenzial in den meisten Firmen auf mehr als 50 % (Soder, 2009).

Forschung und Entwicklung

In der Forschung und Entwicklung werden die Prozesse oft vernachlässigt. Es gibt meistens kaum Ansätze, Verschwendung zu eliminieren. Man misst in diesen Bereichen üblicherweise auch die Innovationsleistung nicht, so wie sie in der Produktion gemessen wird. In der Forschung und Entwicklung braucht man ein exaktes Zeitfenster, um die Durchlaufzeiten von Innovationen und Verbesserungen zu erhöhen und den Parameter „Time to Market" zu optimieren. Bislang wurde bei SEW-Eurodrive eine klassische, produktspezifische Zuordnung zu Mitarbeitern vorgenommen. Das führte dazu, dass keiner mehr nach rechts und links geschaut hat. Als Zeit dafür war, diesen Bereich zu reorganisieren, wurden vier Produktfelder etabliert, die einerseits Produkt- und Projektverantwortung in der Serienentwicklung besitzen sowie andererseits die Produktpflege forcieren. Interdisziplinär besetzte Teams entwickeln Serienprodukte und Lösungen für die einzelnen Produktfelder. Weiterhin wurden technologieorientierte Fachkreise eingerichtet, welche sowohl die Standardisierung und Plattformbildung von Einzelkomponenten und Baugruppen vorantreiben als auch bedarfsorientiert Spezialisten in die definierten Technologie-, Grundlagen- und Serienentwicklungsprojekte entsenden (Soder 2009).

Vertrieb

Um den Vertrieb zu analysieren und zu optimieren, wurden bei SEW-Eurodrive Vertriebsmitarbeiter eine ganze Woche lang von erfahrenen Mitarbeitern begleitet, die aufgrund des Auftragsrückgangs nicht voll mit ihrer eigentlichen Aufgabe ausgelastet waren. Dabei wird untersucht, welche Tätigkeiten tatsächlich einen Mehrwert für den Kunden bringen. Entsprechend wurden dann die Abläufe verbessert. Bislang wurden alle Aufträge intern noch einmal minutiös nachgearbeitet. Ziel ist es, dass ein Vertriebsmitarbeiter seinen Auftrag so ins System eingeben kann, dass er möglichst schnell als Kundenauftrag in der Produktion landet.

Die Philosophie bei SEW-Eurodrive ist, mit der gleichen Anzahl von Personen immer wieder mehr Leistung zu erbringen. „Das funktioniert nur, wenn man sich ständig neu erfindet, wenn man seine Prozesse immer wieder hinterfragt. Und zwar gemeinsam mit den Mitarbeitern. Nur so können Sie die entscheidenden Wettbewerbsvorteile erarbeiten und daraus dann den nächsten Quantensprung machen." (Soder 2009, S. 77).

Unternehmenskultur

Erforderlich ist gerade in dieser Situation, die Unternehmenskultur ganz bewusst zu leben. Auf einen langen Atem kommt es an. Sonst sind Führungskräfte im Unternehmen nicht glaubwürdig. Sie müssen ihre Ziele offen kommunizieren. Die Mitarbeiter sollen den Weg für die nächsten Jahre kennen. Dann ist auch die Bereitschaft, mitzugehen groß. Darüber hinaus müssen Führungskräfte beweisen, dass ihr Denken und Handeln langfristig ausgerichtet ist. Sonst bekommen sie kein Vertrauen bei ihrer Mannschaft.

Abschließend stellt Soder fest: „Wir haben – wie viele andere auch – einen Auftragsrückgang zu verzeichnen. Aber wir verfallen deshalb nicht in Panik. Wir nutzen diese etwas ruhigere Zeit dazu, uns nach vorne auszurichten und die Zukunft zu sichern. In den vergangenen Jahren lag der Schwerpunkt auf produzieren, produzieren und produzieren, um Kundenaufträge zu erfüllen. Nun liegt er auf optimieren, optimieren, optimieren. Ein Unternehmen muss beides können." (Soder 2009, S. 77).

Je komplexer der Reorganisationsauftrag und je mehr Bereiche und Schnittstellen einbezogen werden, desto mehr Mitarbeiter aus unterschiedlichen Bereichen müssen in das Projekt einbezogen werden. Auf diese Weise entstehen interne Consultingteams.

Beispiel: Internes Consulting

Die Menta GmbH (Name geändert) ist Zulieferer für die Automobilindustrie im In- und Ausland sowie für den Kfz-Zubehörhandel. Produziert werden alle folienbeschichteten Kfz-Teile, wie Armaturen, Autohimmel, Sonnenblenden usw. Die Menta GmbH steht im Wettbewerb mit vier anderen großen Anbietern, die Marktanteile zulasten der Menta GmbH gewonnen haben. Die Menta GmbH hat daraufhin in der Produktion Restrukturierungsmaßnahmen durchgeführt, in deren Folge die Arbeitsprozesse dort effizienter und effektiver geworden sind. Gegenwärtig ist konjunkturbedingt die Auftragslage rückläufig, der Absatz stagniert. Nach Auffassung der Geschäftsführung der Menta GmbH muss diese Zeit genutzt werden, um auch die innerbetrieblichen Strukturen und Abläufe in der Auftrags- und Reklamationsbearbeitung und im Rechnungs- und Personalwesen zu überprüfen. Anders als bei den bisher praktizierten Restrukturierungs- und Rationalisierungsmaßnahmen in der Produktion will die Geschäftsführung dieses Mal keine externe Unternehmensberatung mit der Lösung des Problems beauftragen. Vielmehr soll eine innerbetriebliche Projektgruppe beauftragt werden, die Prozesse zu untersuchen und zu optimieren.

Es ist offensichtlich, dass Mitarbeiter bei so komplexen Aufgaben nicht einfach ins kalte Wasser geworfen werden können, nach dem Motto „Nun optimiert mal schön!“. Reorganisationsprojekte stellen die betroffenen Mitarbeiter vor neue Aufgaben und Rollenanforderungen. Neben den dauerhaften Aufgaben, die sie in ihren angestammten Organisationseinheiten wahrnehmen, wird in dem Consultingprojekt über Abteilungen und Bereiche hinweg eine „Zeltorganisation“ aufgeschlagen. Ist der Projektauftrag erledigt, wird das „Zelt“ abgebaut und möglicherweise über anderen Mitarbeitern und Abteilungen mit einem neuen Projektauftrag wieder aufgebaut.

Projektmanagement

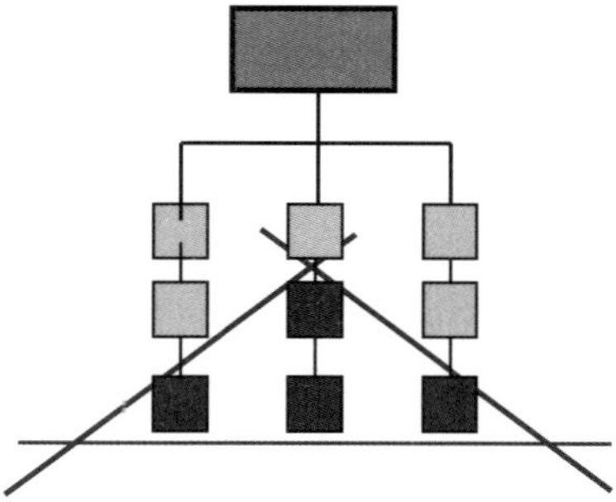

Abbildung 18: Zeltorganisation in Projekten

Für Reorganisationsprojekte mit Mitarbeitern bedarf es einer internen oder externen Unterstützung von Fachleuten, die sich auf Projektmanagement verstehen. Diese Fachleute schulen und coachen die Mitarbeiter in der Projektabwicklung. Die Mitarbeiter werden somit weder überfordert noch alleinegelassen. Wichtig ist in diesem Zusammenhang, dass das Projektteam unter fachlichen wie menschlichen Aspekten möglichst passend zusammengestellt wird.

Weiterbildung

Zu den besonderen Maßnahmen, die Flaute zu nutzen und die fachliche Qualität des Personals „aufzurüsten“, gehört die Weiterbildung, die eine Leistungssteigerung des Unternehmens in der nächsten Aufschwungphase sicherstellen soll.

„Die fünfte Schicht"

Heinz-Peter Schlüter, Gründer und Alleineigentümer des größten deutschen Aluminiumherstellers Trimet sieht konjunkturelle wirtschaftliche Krisen eher gelassen. Trimet produziert an sieben Standorten in Deutschland und vermarktet 700.000 Tonnen Hütten-, Recycling- und Gussaluminium. Das Unternehmen hat sich auf die Herstellung von Speziallegierungen konzentriert, die zum überwiegenden Teil für Autohersteller und deren Lieferanten bestimmt sind. Trimet versucht, die wirtschaftliche Flaute mit Kurzarbeit zu überstehen. Schlüter spricht aber statt von Kurzarbeit lieber von der „fünften Schicht", die gegenwärtig gefahren werde. In dieser „Schicht" wird die Belegschaft umfassend weitergebildet (Bein 2009).

Was ist zu tun?

1. An dieser Stelle sei noch einmal deutlich darauf hingewiesen: In schwierigen Unternehmenssituationen geht es um das Überleben des Betriebes. Deshalb müssen alle Maßnahmen ergriffen werden, um die finanzielle Basis nicht zu verlieren und die Liquidität sicherzustellen. Das kann auch harte Sparmaßnahmen mit personellen Konsequenzen bedeuten.

2. Abzuwägen ist aber bei einem entsprechenden wirtschaftlichen Spielraum, ob und in welcher Weise gemeinsam mit den Mitarbeitern bestehende Strukturen und Prozesse mit dem Ziel erhöhter Wertschöpfung überprüft und neu gestaltet werden können. Zudem ist auch die Option zu prüfen, wie „Überkapazitäten" bzw. neue Handlungsspielräume aufgrund erfolgter Rationalisierung unmittelbar vertrieblich genutzt werden können.
3. Entscheidet man sich, das eine zu tun, ohne das andere zu lassen, dann geht es darum, die Kernprozesse mit dem größten vermuteten Wertschöpfungspotenzial zu bestimmen.
4. Eine Reorganisation mit Mitarbeitern und nicht gegen sie setzt informierte und trainierte Mitarbeiter voraus. Nicht jeder ist bereit, neues Terrain zu betreten, oder bringt die mentalen und intellektuellen Voraussetzungen mit.
5. Definieren Sie die Reorganisationsmaßnahme als Projekt, das
   - eine klare und verständliche Zielsetzung hat,
   - zeitlich begrenzt ist,
   - möglicherweise abteilungsübergreifend organisiert ist, da die Aufgaben unterschiedliche Erfahrungen und fachliche Qualifikationen erfordern, und
   - eine eigene Aufbauorganisation hat.
6. Stellen Sie eines oder mehrere Projektteams zusammen, die im Projektmanagement und in Methoden der Prozessanalyse und -optimierung geschult werden.
7. Vertrauen Sie die Projektleitung einem erfahrenen internen Mitarbeiter oder einen externen Fachmann an.
8. Verzichten Sie auf große Lenkungsausschüsse. Verfahren Sie nach dem Prinzip des „Management-by–walking-around".
9. Bei nachhaltigen Störungen im Projektteam veranlassen Sie ein professionelles Teamcoaching (vgl. Kapitel „Die Kräfte bündeln – Turboteams" direkt im Anschluss).

Die Kräfte bündeln – Turboteams

Zusammenfassung

Um trotz personeller Einschnitte in kritischen Unternehmensphasen die Leistungsfähigkeit in Kernbereichen wie dem Vertrieb, der Forschung und Entwicklung und der Prozessoptimierung aufrechtzuerhalten, ist die Bündelung der Kräfte in Hochleistungsteams notwendig. Aber gerade die Leistungsfähigkeit von Hochleistungsteams ist in angespannten Phasen störanfällig, wenn der Zusammenhang von „Sinn“, „Sicherheit“ und „Status“ außer Balance zu geraten droht (vgl. Kapitel „Dem Präsentismus-Phänomen begegnen – Motivation“). Wie die Symptome nachlassender Motivation und Leistung im Rahmen eines Teamcoachings erkannt und konstruktiv bearbeitet werden können, wird in diesem Kapitel aufgezeigt.

Problemstellung

In kritischen Phasen der Unternehmensentwicklung wird häufig über alle Bereiche hinweg am Personal gespart. Dadurch können zum Beispiel im Bereich Forschung und Entwicklung Innovationslücken mit nachhaltig negativen Folgen entstehen. Vertriebsleistungen erlahmen und notwendige Strukturmaßnahmen unterbleiben. Dabei sollte gerade „Not erfinderisch machen“. Es gilt, die Zukunft vorwegzunehmen. Ideenreichtum und neue Aktivitäten sind gefragt. Ob es sich um die Neuentwicklung von Produkten und Dienstleitungen handelt, um die Verbesserung des Services, die Intensivierung der Vertriebsleistung oder die Reorganisation von Prozessen (vgl. Kapitel „Die Flaute nutzen – Reorganisation“), in jedem Fall sind hier eine starke Leistung der verbleibenden Mitarbeiter und die synergetische Kraft von „Powerteams“ erforderlich. Eigenbrötler und „Ohnemich`els“ sind da Sand im Getriebe.

Dass „Teams“ keine Allheilmittel sind und der Begriff häufig als modisches Etikett für betriebliche Kaffeekränzchen oder stinknormale Abteilungen missbraucht wird, zeigt die Praxis Land auf, Land ab. Die Stunde der Teams ist aber dann gekommen, wenn es für den Einzelnen, die Gruppe und das ganze Unternehmen Ernst wird, wenn quasi eine Bedrohung von außen wahrgenommen wird. Dann können Gruppen zu Teams werden, die an einem Strang ziehen und Höchstleistungen erbringen.

Allerdings kann die wirtschaftliche Bedrohung auch zu gegenteiligen Verhaltensmustern führen: Mitarbeiter schotten sich ab oder verfallen in Apathie (vgl. Kapitel „Dem Präsentismus-Phänomen begegnen – Motivation“). Warnsignale in einer solchen Situation sind dann Aussagen wie

- „Ich mach nur noch das, was unbedingt nötig ist!“
- „Jeder macht hier nur sein Ding!“
- „Nach mir die Sintflut!“

Gleichzeitig können aber auch die zentrifugalen Kräfte zunehmen, nach dem Motto: „Rette sich, wer kann“! Hochleitungsteams werden dann krisenanfällig. Damit wird die Leistungsfähigkeit eines Unternehmens zusätzlich geschwächt, wobei es eigentlich darum ginge, die Kräfte zu bündeln.

Drohen die wichtigen Kerngruppen im Unternehmen auseinanderzufallen und die Leistungsträger zu Einzelkämpfern auf der Flucht zu werden, empfiehlt es sich, einen erfahrenen Teamcoach an Bord zu holen. Die zusätzlichen Kosten in der wirtschaftlich angespannten Situation werden die Unternehmer nicht erfreuen. Berechnet man aber den wirtschaftlichen Verlust, der durch Frust, Unlust und einen Mangel an Miteinander ansonsten „erwirtschaftet“ würde, lohnt sich das Einmalinvestment in die Teamentwicklung auf jeden Fall.

Das Teamcoaching

Ob eine Gruppe auseinanderfällt und Mittelmaß produziert oder als Leistungsturbo in einer Organisation wirkt und schwierige Zeiten meistert, das lässt sich beeinflussen und unterliegt daher bestimmten Regeln. Dabei kommt es vor allem an auf

- das Synergiepotenzial (1): den Teammix, die Teamorganisation und die Vertrauensbasis sowie
- ein besonderes Leistungspotenzial (2): Problemlösungskompetenz, Innovationsfähigkeit und Kreativität.

Ist dieses gegeben, ist ein Turboteam (3) geboren.

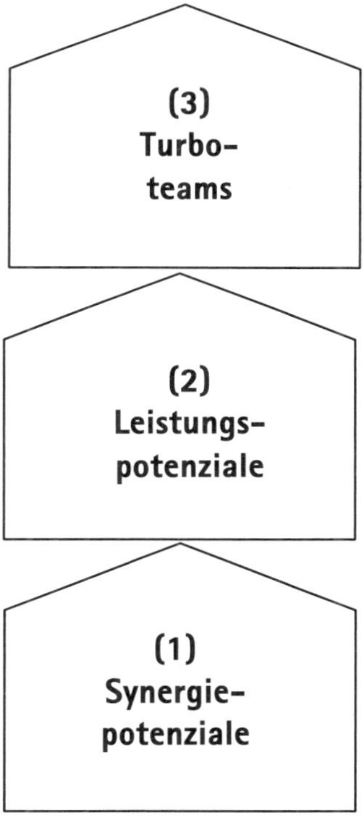

Abbildung 19: Entwicklungsstufen eines Turboteams.

Der Synergieprozess von einer Gruppe zu einem Turboteam verläuft idealtypisch in drei Phasen. Allerdings können die jeweiligen Problemstellungen einer Phase jederzeit im Teamprozess erneut aktuell werden. Beispielsweise kann die Frage der

Teamzusammensetzung, die in der ersten Entwicklungsphase geklärt war, zu einem späteren Zeitpunkt wieder aufbrechen.

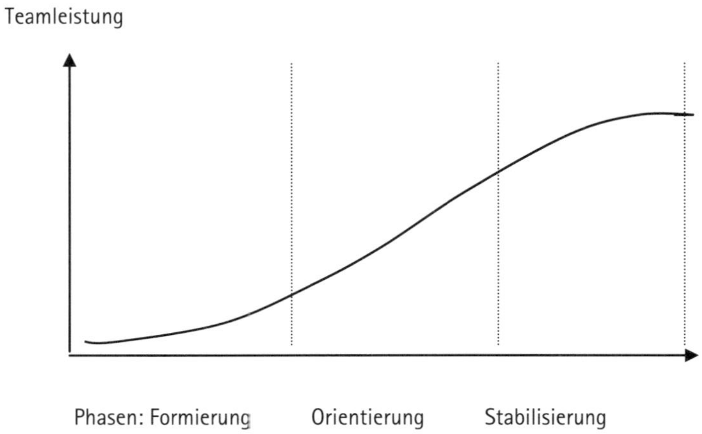

Abbildung 20: Drei Phasen des Teamcoachings nach Krüger 2009.

Wenn ein Teamcoach punktuell in einem Unternehmen einsteigt, das sich in einem schwierigen wirtschaftlichen Umfeld bewegt und in dem die Kräfte eines Hochleistungsteams zu erlahmen drohen, ist es vor allem wichtig, die aktuelle Problemstellung der Gruppe zu erkennen. Dazu dient die Übersicht in Abbildung 21. Den möglichen Teamproblemen werden hier „Phasen" zugeordnet. Nur wenn die Probleme der jeweiligen Phase gelöst sind, kann sich das Team weiterentwickeln. Der Teamcoach muss also zunächst feststellen, um welche Phase es sich handelt, um dann im zweiten Schritt gezielte Maßnahmen ergreifen zu können.

Phase	Aktuelle Teamproblemstellung
Formierung	• Teamgröße • Teamzusammensetzung • Teamleitung
Orientierung	• Ziele • Organisation • Handlungsspielraum
Stabilisierung	• Vertrauen • Loyalität • Effizienzsteigerung

Abbildung 21: Problemstellungen in den drei Phasen der Teamentwicklung

Im Folgenden werden die einzelnen für das Teamcoaching relevanten Problemstellungen näher beschrieben und modellhaft Lösungsansätze aufgezeigt.

Teamcoaching bei Formierungsproblemen

Ein Team wird formiert oder formiert sich selbst. Dabei ergeben sich die Fragen „Teamgröße“, „Teamzusammensetzung“ und „Teamleitung“ gleich zu Beginn der Teambildung. Diese Themen können sich als Probleme aber auch zu einem späteren Zeitpunkt stellen.

Die Teamgröße – weniger ist mehr

Ist ein Duo ein Team? Sind zwanzig Mitarbeiter einer Abteilung ein Team? Die Teamgröße ist nicht beliebig. Will man aus Gruppen Turboteams machen, muss man schon auf ein paar goldene Regeln achten. Ist die Gruppe zu groß oder zu klein, tauchen in jedem Fall Probleme auf.

Wie sich die Probleme äußern können:

- Die Gruppe bringt keine kreativen Leistungen zustande.
- Die Gruppe ist schnell am Ende ihres Lateins.
- Es kommen Selbstzweifel auf, ob man der Aufgabenstellung gerecht werden kann.

- Bei Teamsitzungen reden alle durcheinander.
- Es bilden sich ständig Untergruppen.
- Es bilden sich Fraktionen, es entstehen Spannungen.

Hier bieten sich folgende Lösungsansätze an:
Das Problem der Gruppengröße ist für einen Teamcoach relativ leicht zu erkennen und zu lösen, wenn man sich an der magischen Zahl von +/–7 orientiert.
Zu kleine Gruppen, die aufgrund mangelnder Kompetenz- und Problemlösungsvielfalt unproduktiv sind, müssen neu formiert werden. Die einfachste Lösung wird darin bestehen, entsprechend der Aufgabenstellung des Teams Gruppenmitglieder mit ergänzenden oder neuen Fähigkeiten und Erfahrungen hinzuzuziehen. Ein Teamcoach muss in diesem Zusammenhang aber auch prüfen, ob der Gruppe möglicherweise das Pulver „mangels Masse" ausgegangen ist. Oder aber, ob die Zielsetzung, der Teamauftrag und der Handlungsspielraum der Gruppe nur dazu geeignet sind, „Peanuts" zu produzieren. Dann muss mit dem Auftraggeber grundsätzlich über die Zielsetzung und den Auftrag des Teams gesprochen werden.
Ist das Team zu groß und lassen sich anhand des Teamauftrags Teilaufgaben mit klarer Zielsetzung und Terminierung formulieren, dann ist eine „Zellteilung" sinnvoll. Der Teamcoach fungiert hier als Projektmanager, der mit dem Team Teilprojekte formuliert und in einen Ablaufplan bringt. Die eigentliche fortlaufende Koordination liegt dann allerdings bei der Gruppe bzw. dem Teamleiter.

Der Teammix – einheitlich durch Vielfalt

Auch bei einer richtigen, die Vielfalt und Überschaubarkeit ermöglichenden Teamgröße, kann es dazu kommen, dass die persönliche und mentale „Chemie" in einer Gruppe nicht stimmt, ohne dass der Teamleiter oder das Team die Ursachen einwandfrei erkennen können. Als Beteiligte und Betroffene sehen sie manchmal den Wald vor lauter Bäumen nicht. Das Team „leidet" aber an den Symptomen, ohne die Ursachen sachlich aufdecken und beheben zu können.

Wie sich die Probleme äußern können:

- Einige Aufgaben werden vom Team gar nicht oder nur unzureichend bewältigt.
- Die Arbeit konzentriert sich bei einigen Teammitgliedern.
- Das Arbeitstempo ist gering; der Zeitplan wird überschritten.
- Konflikte zwischen einzelnen Teammitgliedern oder einem Teammitglied und dem Rest treten häufiger auf.

Hier bieten sich folgende Lösungsansätze an:
Auf der Sachebene ermittelt der Teamcoach anhand der Teamziele in Einzel- und Gruppengesprächen mögliche Qualifikationsdefizite im Team. In gleicher Weise wird ermittelt, ob die Gruppe aus eigener Kraft diese Defizite ausgleichen kann. Wenn sich dies als praktikabel erweist, entwirft der Teamcoach mit dem Team einen Lernplan, der Inhalte, Zeiten und mögliche Lernpatenschaften im Team umfasst. Erweist sich dies als nicht durchführbar, besteht die Aufgabe des Teamcoachs darin, mit der Teamleitung und dem Teamauftraggeber das Team teilweise neu zu formieren.

Beispiel: Integrationsprobleme

Auf der Beziehungsebene erweist sich immer wieder die mangelnde Integration einzelner Gruppenmitglieder als entscheidendes Problem. Für den Teamcoach ist dies ein besonders sensibles Thema, zumal dann, wenn er nur für einen kurzen Zeitraum Einblick in den Teamzusammenhang nehmen kann. Es gilt also möglichst schnell zu diagnostizieren,
(a) ob das Team die Integration eines Gruppenmitgliedes verweigert, weil es möglicherweise den friedlichen Konsens des selbst gewählten Team-Mittelmaßes stört,
(b) ob die Integration nicht stattfindet, weil ein Gruppenmitglied sich auf Kosten anderer in der Teamarbeit einen lauen Lenz machen will oder
(c) ob persönliche oder sachliche Differenzen zwischen der Mehrheit des Teams und einem Teammitglied bestehen, die nicht auf einen Mangel an Qualifikation oder Motivation des Teams bzw. des einzelnen Teammitgliedes zurückzuführen sind.

Wenn sich für den Teamcoach, wie im Fall (a) beschrieben, herausstellt, dass sich im Team „Schwachleister“ versammeln, die sich auf einen niedrigen Leistungsstandard geeinigt haben, muss der Teamcoach dem Auftraggeber vorschlagen, das Team aufzulösen und neu zu besetzen. Wer, wie im Fall (b), im Team die kraftschonende Kuschelgruppe sucht, muss „an die Luft gesetzt“ werden, was der Teamcoach häufig besser durchsetzen kann als das Team und der Teamleiter. Der Fall (c) ist meist komplexer. Hier besteht die Gefahr, dass sich Fraktionen bilden, die das Team sprengen können. Der Teamcoach muss sehr schnell einschätzen, ob es gelingt, eine leistungs- und motivationsstarke Einzelpersönlichkeit und das leistungs- und motivationsstarke Restteam zu „versöhnen“. Ist der zu erwartende Aufwand zu groß oder der Ausgang der Entwicklung zu ungewiss, muss der Teamcoach die arbeits- und konsensfähige Mehrheit unterstützen, auch wenn man dabei möglicherweise einen klugen Kopf verliert.

Das Team leiten – knallharte Softies gesucht

Um es salopp zu sagen, besonders erfolgreiche Teamleiter sind „knallharte Softies“: eindeutig und beharrlich in der Verfolgung der Teamziele und der Einhaltung der Spielregeln, flexibel und einfühlsam im Umgang mit dem Team und dem Teamumfeld. Diese besondere Kompetenz ist nicht alltäglich. Deshalb sind Führungsprobleme in Teams an der Tagesordnung.

Wie sich die Probleme äußern können:

- Die Teamleistung ist mäßig.
- Teammitglieder äußern offen oder verdeckt Kritik an der Teamleitung.
- Offenheit und Feedback werden nicht praktiziert.
- Die atmosphärischen Störungen im Team übertragen sich nach außen.
- Die Teamleistungen werden nicht richtig „verkauft“.
- Das Team wird vom Teamleiter offensichtlich gegängelt.

Hier bieten sich folgende Lösungsansätze an:
Der Teamcoach vereinbart mit dem Team und dem Teamleiter eine Gruppensupervision. Ziel ist es zum einen, mögliche Schwächen des Teamleiters zu erkennen und ein entsprechendes Feedback zu geben. Akzeptiert der Teamleiter das Feedback, wird gemeinsam nach Möglichkeiten gesucht, Verhaltensdefizite des Teamleiters gegenüber dem Team auszugleichen. Zum anderen dient die Supervision auch der Überprüfung möglicher eingeschliffener Verhaltens- und Kommunikationsmuster im Gesamtteam, einschließlich des Teamleiters. Sinn dieser Operation ist es, mögliche Blockierungen untereinander, vor allem aber gegenüber dem Teamleiter zu erkennen und aufzulösen. In diesem Zusammenhang hat sich auch der Ansatz des „Reframings" bewährt: Eingeschliffene Interpretationen der Teamsituation werden umgedeutet, sodass aus dem scheinbaren Mangel ein Vorteil wird.

Beispiel: Situation umdeuten

Teammitglieder beklagen, dass ihrer Meinung nach der Teamleiter langwierige Gruppendiskussionen abkürzen müsste. Umgedeutet wird dieselbe Situation als Chance des Teams zur Selbstregulation und Autonomie gewertet.

Führt diese Intervention zu keinem befriedigenden Ergebnis und bleibt die Teamsituation gespannt, führt der Teamcoach mit jedem Teammitglied Einzelgespräche, um die jeweilige Perspektive für eine Problemlösung auszuloten. Die Ergebnisse erläutert der Teamcoach im Gesamtteam und stellt mögliche Lösungsalternativen vor.

Lösungsalternativen können sein:

- Objektive Defizite des Teamleiters werden akzeptiert und, nach entsprechender Vereinbarung, durch andere Teammitglieder kompensiert. So übernimmt zum Beispiel ein Teammitglied die Präsentation der Arbeitsergebnisse des Teams vor dem Auftraggeber oder anderen Gruppen.

- Der Teamleiter wird durch ein anderes Teammitglied oder ein neues Teammitglied ersetzt.

Teamcoaching bei Orientierungsproblemen

Teams müssen permanent daran arbeiten, „Kurs“ zu halten. Sie stehen jederzeit in Gefahr, die Orientierung zu verlieren. Deshalb sind die präzise Formulierung von Zielen und die Organisation der daraus abgeleiteten Arbeitsschritte für die Produktivität von Teams von höchster Bedeutung. Entsprechend liegen hier auch die größten Team-Handicaps. Teamcoaches finden hier also zu jeder Zeit ein reiches Problem- und Betätigungsfeld.

Zielfindung – oder wo geht die Reise hin?

Seitdem es die Eisenbahn gibt, klagen die Menschen über Verspätungen. Dabei hätten es die Verantwortlichen ganz einfach: Sie brauchten nur die Fahrpläne abzuschaffen, schon gäbe es keine Verspätungen mehr.

Diese paradoxe Problemlösung zeigt uns Folgendes: Teams, die sich keine klaren Ziele setzen, die sie in einer bestimmten Zeit erreichen wollen, verzichten darauf, sich selbst zu messen und von anderen gemessen werden zu können. Die Verführung für Teams ist groß, sich – vollauf beschäftigt – von Aktualitäten treiben zu lassen, statt für jedermann überprüfbar anzugeben, wo die Reise hingeht. Allerdings mündet zielloses Handeln schnell im Frust.

Woran man das Problem erkennen kann:

- Das Team beschäftigt sich mit Peanuts.
- Selbstzweifel am Sinn der Teamarbeit werden artikuliert.
- Verfahrensstreitigkeiten nehmen zu.
- Man tut sich schwer, Hauptziele und Nebenziele zu erkennen und zu benennen.

Hier bieten sich folgende Lösungsansätze an:
Der Teamcoach ermittelt, wie das Team seinen Auftrag definiert, und nimmt einen Abgleich mit dem Auftraggeber vor. Nicht selten stellt sich dabei raus, dass die Vorgaben zu ungenau waren und das Team aufgrund von Interpretationsnöten zu keiner klaren Zielformulierung fand. Auf der Basis der präzisen Teamvorgabe moderiert der Coach das Team bei der systematischen Ableitung von Hauptzielen und Unterzielen. Die Ziele werden mit Maßnahmenplänen versehen. Ziele und Maßnahmen werden visualisiert und anschließend allen Teammitgliedern schriftlich ausgehändigt. Die Einzelverantwortlichkeiten werden im Ziel- und Maßnahmenplan verbindlich fixiert und unterschrieben.

Teamorganisation – eindeutig und verbindlich

Es gibt Teams, die als Abteilung, Dezernat, Kolonne usw. definiert sind und meist eine geregelte Aufbau- und Ablauforganisation haben.

Teams, die sich außerhalb der geregelten Aufbau- und Ablauforganisation etablieren, müssen sich selbst organisieren. Wird hier lässig gehandelt, nach dem Motto „Wir kommen auf Zuruf zusammen und entscheiden fallweise wann und wo wir uns treffen", dann sind Konflikte vorprogrammiert. Diese Probleme tauchen meist zu Beginn der Teamarbeit auf. Aber auch nach längerer erfolgreicher Teamarbeit kann aufgrund der Routine der organisatorische Rahmen zerbröseln und damit die Basis der Teamarbeit schwinden.

Woran man das Problem erkennen kann:

- Teammitglieder kommen und gehen, wann sie wollen.
- Es gibt häufig Streit über Verfahrensfragen, die Stimmung ist gereizt.
- Fehlende Zuständigkeiten werden entweder achselzuckend zur Kenntnis genommen oder wechselseitig zugeschoben.
- Die Gruppe hat Schwierigkeiten, in den einzelnen Sitzungen den Faden wieder aufzunehmen.

- Die Produktivität der Gruppe ist inkonstant. Phasen der Hochleistung werden durch Phasen des Null-Outputs abgelöst.

Hier bieten sich folgende Lösungsansätze an:
Ziel ist es, den Leiter dabei zu unterstützen, die innere und äußere Organisation des Teams aktiv in die Hand zu nehmen. Gemeinsam werden folgende Organisationsmerkmale überprüft:

- Sind die Berichtswege innerhalb des Teams und vom Team nach außen geregelt?
- Sind die Schnittstellen zu anderen Organisationseinheiten klar definiert?
- Ist das Zeitbudget, das den Teammitgliedern zur Verfügung steht, klar geregelt? Dieses gilt insbesondere bei Projektteams, wenn Teammitglieder aus anderen Organisationseinheiten delegiert wurden.
- Gibt es ein eigenständiges Budget und wer kann darüber verfügen?
- Besteht ein Zeitplan für die Arbeit mit definierten Meilensteinen und Ergebnissen?
- Werden die Arbeitsergebnisse regelmäßig dokumentiert und an die richtigen Personen und Organisationen adressiert?
- Verfügen alle Teammitglieder über den gleichen Informationsstand und wie wird sichergestellt, dass abwesende Teammitglieder auf den neusten Stand kommen?
- Sind die erforderlichen Arbeitsmittel und Räume sichergestellt?
- Wer ist im Konfliktfall Ansprechpartner außerhalb des Teams und kann zur Konfliktregulation beitragen?

Häufig liegen Organisationsmängel von Teams auch in der schwachen Führungsfähigkeit des Teamsprechers begründet. Wenn die Gruppe diese Schwäche nicht aus eigener Kraft kompensieren kann, muss der Teamcoach auf die Ablösung des Teamleiters hinwirken.

Der Team-Spielraum – Spielfeld mit Bande

Teams fallen nicht vom Himmel und erfinden ihre Aufgaben und Ziele. Vielmehr stehen Teams in einem zumeist komplexen Wirkungszusammenhang, zum Beispiel

- in übergreifenden Reorganisationsteams, die das Unternehmen aus der Krise führen sollen (vgl. Kapitel „Die Flaute nutzen – Reorganisation"),
- in der industriellen Produktion, wo sie in teilautonomen Bereichen für die Arbeitsvorbereitung, die Fertigung und die Qualitätssicherung zuständig sein können,
- im Vertrieb, wo sie die Rundum-Kundenbetreuung gewährleisten,
- im Dienstleistungsbereich, wo sie schnell, umfassend und abschließend die „Dienste leisten",
- im Bereich von Forschung und Entwicklung, wo die kreativen Potenziale aller Beteiligten in Übereinklang gebracht werden müssen,
- in befristeten Projekten, wo sie möglichst schnell und ohne Reibungsverluste ziel- und ergebnisorientiert arbeiten,
- in Qualitätszirkeln, wo die Meinung und die Erfahrung aller Mitarbeiter bei der Problemerkennung und Problemlösung einbezogen wird,
- bereichs- und abteilungsübergreifend, um den Informationsfluss und die Koordination operativer Maßnahmen zu verbessern oder
- auf der Leitungsebene, um den Informationsfluss, die Koordination operativer Maßnahmen und die strategische Planung zu verbessern.

In all diesen Konstellationen haben die Teams einen definierten Spielraum, innerhalb dessen sie sich bewegen können. Wird der „Bewegungsfreiraum" für das Team zu eng, endet auch der Freiraum für Synergien und die Potenzialentwicklung.

Woran man das Problem erkennen kann:

- Die Teammitglieder machen „Dienst nach Vorschrift".
- Aus Fehlern wird nichts gelernt.

- Die Ablehnung gegenüber Personen und Instanzen, die die Arbeit im Team reglementieren, wird anfangs lautstark artikuliert.
- Die Kommunikation im Team beschränkt sich zunehmend auf das formal Notwendigste.
- Die Fluktuation nimmt zu, Leistungsträger verlassen die Gruppe.

Hier bieten sich folgende Lösungsansätze an:
Diagnostiziert der Teamcoach mangelnde Entfaltungschancen für das Team aufgrund eines eingeengten Handlungsspielraums, dann stellen sich meist zwei Möglichkeiten:
Im ersten Fall muss der Teamcoach darauf hinwirken, dass zwischen dem Team und seinem Auftraggeber die Regularien neu definiert und vereinbart werden:

- Erweiterung des Teamauftrags
- Erweiterung der Kompetenz des Teamleiters
- Überantwortung des Budgets
- Eigenverantwortung im Zeit- und Arbeitsmanagement

Im zweiten Fall muss der Teamcoach die Rahmenbedingungen für die Teamarbeit prüfen. Möglicherweise verhindern die strukturellen Gegebenheiten das Entstehen eines teamgünstigen Klimas. Dabei handelt es sich zumeist um organisatorische und unternehmenskulturelle Gegebenheiten, die sich aber weitgehend dem Einfluss des Teamcoachs entziehen.

Die folgende Gegenüberstellung zeigt die Faktoren, die eine Teamentwicklung und eine Teamarbeit eher fördern oder eher erschweren.

Günstige Faktoren	Erschwerende Faktoren
Flache Organisationsstrukturen	Hierarchische Struktur
Dezentrale Strukturen	Zentralismus
Projektmanagement	Nur Stab-/Linienorganisation
Vertrauensorganisation	Misstrauensorganisation
Suche nach Innovation	Beharrungsvermögen
Offen für neue Technologien	Technologiefeindlichkeit
Wettbewerbsvergleich	Nabelschau
Machtbalance	Grabenkämpfe
Ausgeprägte Kundenorientierung	Geringe Kundenorientierung
Ausgeprägtes Qualitätsbewusstsein	Geringes Qualitätsbewusstsein

Abbildung 22: Die Teamarbeit begünstigende und erschwerende Faktoren

Je nachdem, wie die Bilanz hinsichtlich der die Teamarbeit begünstigenden bzw. erschwerenden Faktoren ausfällt, muss der Coach entscheiden, ob sich sein Einsatz lohnt oder ob es ein Kampf gegen Windmühlen ist. Überwiegen die teamerschwerenden Faktoren, ist eine umfassende Organisations- und Kulturentwicklung im Unternehmen erforderlich. Das aber geht über den Auftrag des Coaches hinaus und bedarf eines umfassenden Veränderungsprozesses – was in kritischen Unternehmensphasen Risiko und Chance zugleich ist.

Teamcoaching bei Stabilisierungsproblemen

Vertrauen schaffen, heißt Komplexität reduzieren. Auf dem Weg von einer Gruppe zum Powerteam sind neben den formalen Aspekten der Formierung und Orientierung die weichen Faktoren „Vertrauen“ und „Loyalität“ die wichtigsten Stabilisatoren. Entstehen hier Probleme, drohen Destabilisierung und ein schnelles Team-Aus.

Woran man das Problem erkennen kann:

- Die Teammitglieder gehen sehr formell miteinander um.
- Man redet um den heißen Brei herum.

- Es gibt Grüppchenbildung.
- Offenheit und Feedback werden nicht gelebt.
- Man sichert sich ab.
- Die Teammitglieder pflegen mehr informelle Kontakte zu anderen Personen und Gruppen als zum eigenen Team.

Hier bieten sich folgende Lösungsansätze an:
Befindet sich das Team noch mehr oder weniger in der Startphase, „fremdeln“ die Teammitglieder also noch untereinander, bietet sich ein Teamworkshop außerhalb der Arbeitsumgebung mit folgenden Inhalten an:

- Selbst- und Fremdwahrnehmung
- Gruppendynamik
- Kommunikation
- Offenheit und Geben von Feedback

Aber auch mit sportlichen und geselligen Aktivitäten kann die Fremdheit untereinander überwunden und die Grundlage für mehr Vertrauen und Loyalität geschaffen werden. Der Teamcoach übernimmt hier den aktiven Part, um dem Teamleiter die Chance zu geben, ohne Sonderrolle Teil des Teams zu sein.
Weitaus schwieriger stellt sich die Situation dar, wenn in einem gewachsenen Team die Vertrauensbasis bröckelt und die Loyalität zum Team schwindet. Dann liegt zumeist im Binnenverhältnis oder im Verhältnis des Teams nach außen ein „Vertrauensbruch“ vor, der die Gruppenmitglieder auf Distanz zum Team gehen lässt und sie zum Rückzug auf sich selbst bewegt.
Ein Team bröckelt meist aus folgenden Gründen:

- Der Auftraggeber hält Zusagen nicht ein.
- Die Leistungen des Teams werden vom Auftraggeber oder anderen Führungskräften abgewertet.
- Der Teamleiter führt einzelne Teammitglieder vor oder spielt sie taktisch gegeneinander aus.

- Teammitglieder verfahren nach dem Motto „Fein, ich bin im Team, die Arbeit tun die anderen".
- Wölfe im Schafspelz „spielen Team", verfolgen aber nur ihre Einzelkämpferinteressen.
- Teammitglieder arbeiten verdeckt als „informelle Mitarbeiter" von Personen oder Gruppen außerhalb des Teams.

Ist erst einmal auf diese Weise die Vertrauensbasis beschädigt, sind die Möglichkeiten, wieder zum Turboteam zu werden, sehr begrenzt. Der Teamcoach kann in dieser Situation nur versuchen, das intakte Kernteam zu sichern, neue Teammitglieder zu gewinnen und darauf zu setzen, dass die Zeit die Wunden heilt.

Aufgaben und Abläufe fein justieren

Neben der Gruppenchemie, der Zielsetzung und der Organisation gibt es noch einen weiteren Problemkreis, der für die Zusammenarbeit von Teams von Bedeutung ist. Es ist die Arbeitsmethodik und es sind Arbeitsabläufe, die sowohl die Stabilität als auch die Kontinuität der Teamarbeit verbessern oder verschlechtern. Dies ist vorwiegend ein Thema von bereits reiferen Teams.

Woran man das Problem erkennen kann:

- Es bilden sich Spezialisten heraus, ohne die nichts geht, wenn das Teammitglied fehlt. Ein typischer Hilfeschrei hört sich dann so an: „Hilfe, wo ist Uwe? Nur der weiß, wie man einen Hyperlink in Power-Point herstellen kann."
- Die Teammitglieder überschauen nicht mehr alle Aufgaben, Doppelarbeiten werden gemacht.
- Die Teammitglieder verspüren zunehmend das Unbehagen, dass Papierkram und Verwaltung die Sachaufgaben überwuchern.

Hier bieten sich folgende Lösungsansätze an:
Der Teamcoach überprüft das Arbeitsmanagement der Gruppe. Möglich ist, dass der Teamcoach die Gruppe über ein oder zwei Tage beobachtet und für jedes Teammitglied eine „Multimo-

mentaufnahme“ macht. Das heißt, alle fünf Minuten notiert der Teamcoach, was die einzelnen Teammitglieder gerade machen, sei es, dass sie allein oder zu mehreren arbeiten. Alternativ oder ergänzend können die Teammitglieder selbst für einen typischen Teamtag eine sogenannte „Selbstaufschreibung“ vornehmen und so Zeiten und Tätigkeiten ermitteln. Anhand der „Multimomentaufnahme“ und der „Selbstaufschreibung“ kann der Teamcoach gemeinsam mit dem Team feststellen, wo mögliche Zeitkiller im Arbeitsablauf des Teams verborgen sind. Auf diese Weise werden sowohl die Aufgaben als auch die Abläufe im Team auf den Prüfstand gestellt. Das Team legt zusammen mit dem Teamcoach fest, welche Aufgaben entfallen bzw. mit weniger Aufwand erledigt werden können, welche Abläufe schlanker gemacht werden können und wo noch Zeitreserven liegen, die es zu nutzen gilt (vgl. Kapitel „Die Flaute nutzen – Reorganisation“).

Was ist zu tun?

1. Bilden Sie in den wichtigsten Bereichen der Wertschöpfung, vom Einkauf bis zum Vertrieb, Kernteams: nicht kleiner als drei, nicht größer als sieben Personen.
2. Praktizieren Sie eine locker-straffe Führung. Das Team braucht Freiraum bei klarer Leistungserwartung.
3. Praktizieren Sie auch hier das Prinzip des Management-by-walking-around. Seien Sie Gesprächspartner, nicht Kontrolleur.
4. Erkennen Sie Störungen im Team, die Sie nicht gemeinsam mit der Gruppe lösen können, holen Sie sich einen erfahrenen Coach. Nach drei Sitzungen sollte das Ergebnis feststehen: Das Team ist wieder arbeitsfähig oder muss neu besetzt werden.

Aufgaben und Ziele aktualisieren – Chancen

Zusammenfassung

Je starrer und unflexibler Unternehmen sind, desto schlechter sind sie auf Veränderungen und Anpassungserfordernisse in Krisenzeiten vorbereitet. Starre Aufgabenorganisationen und aufwendige Zielvereinbarungssysteme entsprechen einem Bürokratiemodell, das schon in wirtschaftlich entspannten Phasen zur Bremse werden kann. In schwierigen Zeiten ist es in keiner Weise geeignet, aus der Krise herauszuhelfen. Im Gegenteil: Die Agonie wird wahrscheinlicher – aber ganz nach Plan. Hier wird ein „Chancenmanagement" für die Unternehmens- und Personalführung vorgestellt, das schnellere Reaktionszeiten im Gegensatz zu langfristigen Zielvereinbarungen zulässt. Danach werden nicht die Mitarbeiter fixen Stellen und Aufgaben zugeordnet, sondern wichtige Aufgaben werden Mitarbeitern nach deren Können außerhalb einer starren Aufbauorganisation zugeschrieben. Ziele werden nicht langfristig mit Mitarbeitern vereinbart und an einen Bonus gekoppelt, sondern „Chancen" werden gemeinsam gesucht und bei Bedarf projektmäßig abgewickelt.

Problemstellung

„Was man nicht messen kann, kann man nicht managen" – das ist eine klassische Weisheit, deren Kern wir hier auch nicht bestreiten wollen. Was wir aber bezweifeln, ist, dass eine ausschließlich auf Planziele fixierte Unternehmens- und Personalführung hinlänglich flexibel ist, um Unternehmen aus der Krise zu führen und an der Peripherie des Unternehmens Chancen aktiv zu nutzen. Dazu ist ein Chancenmanagement erforderlich, das im Hier und Jetzt aktuell und flexibel agiert. Das schließt selbstverständlich einen längerfristigen Planungshorizont nicht aus.

Ziele sind unerlässlich und haben eine strukturierende Wirkung. Im „privaten“ Alltag setzen wir uns ständig Ziele; sie sind die Meilensteine in unserem Leben. Mit Zielen und den damit verbunden Aufgaben strukturieren wir unser Leben. Die täglichen Ziele und Aufgaben sind Herausforderungen für jeden von uns, zwischen Lust und Last.

Beispiel: Der Terminkalender

Es ist Ende Juni. Der Familienrat tritt zusammen, um die Planung für das Restjahr vorzunehmen. Am 24. Dezember haben wir dieses Jahr die ganze Familie zu Besuch! Das bedeutet viel Vorbereitung. Vorher wollen wir unsere Wohnung renovieren. Das sollte Ende November abgeschlossen sein. Im Oktober wollen wir für ein verlängertes Wochenende Freunde in der Pfalz besuchen. Urlaub mit den Kindern steht für Anfang August in den Schulferien auf dem Programm usw.

Ziele ermöglichen es uns, Aktivitäten und den Ressourceneinsatz „rückwärts zu planen“. Ziele sind wie Fahrpläne, an denen wir sowohl die „Verspätungen“, als auch die Richtungsabweichungen von der vermeintlich idealen Route ablesen können.

Ziele geben unserem Leben „Sinn“, ob im Großen oder Kleinen: Dem eigenen Traumhochzeitstermin fiebern wir entgegen, denn danach wird sich unser Leben grundsätzlich ändern. Aber auch das Warten auf den nächsten Termin der Sperrmüllentsorgung hat für uns eine bestimmte Bedeutung, denn dann wird endlich wieder Platz im Keller sein.

Sinnkrisen werden nicht selten dadurch ausgelöst, dass Menschen keine Ziele mehr für sich sehen, ob kleine oder große.

Sinnkrisen

Der Psychotherapeut Viktor Frankl begründete die sogenannte Logotherapie, die auf der Erkenntnis basiert, dass Menschen, die unter „Sinnverlust“ leiden – aus welchen inneren oder äußeren Gründen auch immer –, am Leben leiden. Die Logotherapie „schickt“ die Menschen auf die Suche nach dem „Sinn“, auf die Suche nach Zielen (Frankl 1987).

Was für das Privatleben gilt, gilt erst recht für das Geschäftsleben. Unternehmen müssen sich strategisch auf Zielmärkte und Kunden ausrichten, die entsprechenden Produkte und Dienstleistungen anbieten und ständig weiterentwickeln. Die Mitarbeiter, die Organisation und die Prozesse müssen effektiv und effizient auf die Ziele und den Unternehmenszweck ausgerichtet sein. Durch Führung, Controlling, Risikobewertung und Liquiditätssteuerung muss der ganze Geschäftsablauf gesichert und gesteuert werden.
Im Außenverhältnis stellt sich Vertrauen unter den Transaktionspartnern, den Unternehmen, den Banken, den Kunden, den Lieferanten und dem Staat nur ein, wenn eine gewisse Berechenbarkeit der Marktteilnehmer untereinander gegeben ist. Die Banken und Investoren verlangen von den Unternehmen Transparenz und nachvollziehbare zukunftsorientierte Geschäftsmodelle. Die Kunden erwarten Liefertreue und langfristige Servicebereitschaft. Die Mitarbeiter, die Lieferanten, der Staat und die Sozialversicherungssysteme erwarten von den Unternehmen Zahlungstreue usw. Das setzt Pläne voraus, die zwar nicht immer aufgehen, die aber Kurskorrekturen erlauben.

Beispiel Gewinnwarnung

Aktiengesellschaften geben in regelmäßigen Abständen gegenüber ihren Investoren Ertragsschätzungen heraus. Droht der erwartete Gewinn einzubrechen, sind sie verpflichtet, eine „Gewinnwarnung" zu veröffentlichen.

Auch die Mitarbeiter eines Unternehmens mit ausführenden Tätigkeiten verlangen nach Orientierung. Klar formulierte Aufgaben mit definierten Leistungsstandards und Terminen sowie festgelegte Zuständigkeiten sind die Rahmenbedingungen, die die meisten Mitarbeiter im Unternehmen benötigen. Dem muss auch weitestgehend entsprochen werden. Das Bild vom sachbearbeitenden Entrepreneur stimmt weder aus Mitarbeiter- noch aus Unternehmenssicht wirklich. Arbeit muss auch sachgerecht, effektiv und effizient ausgeführt werden. Dabei ist selbstständiges Denken im klar definierten Handlungsrahmen durchaus auch erwünscht.

Das Fatale, ja Paradoxe allerdings ist, dass das Streben nach Planvollkommenheit zu immer mehr Plan und immer weniger Vollkommenheit führt. Bei aller Planungs- und Steuerungsnotwendigkeit besteht immer auch die Gefahr der Übersteuerung und kontraproduktiven Bürokratisierung. „Wurstelten" sich früher kleine, aber auch mittlere und größere Unternehmen so durch, gibt es spätestens seit den Kreditvergaberichtlinien der Banken nach Basel II heute nicht selten ein Überangebot an Steuerungsinstrumenten, deren Nutzung aber Sicherheit nur vorgaukelt.

Überregulation

Vom „Corporate Planer" und dem „Führungs-Cockpit" mit Schlüsselkennziffern über die „Balanced Scorecard", der ISO-Norm und dem Qualitätshandbuch, dem „Six-Sigma-Modell" bis hin zum „Management by Objektives" wird alles geplant und verwaltet. Die Überregulation führt zu einer kontraproduktiven sich mit sich selbst beschäftigenden Administration.

Auf Mitarbeiterebene sind es insbesondere die Aufgabenbeschreibungen und die Zielvereinbarungen mit Bonusversprechen, die den Keim des Bürokratismus und der Fehlsteuerung in sich bergen, wie an den folgenden Schwachstellen verdeutlicht werden soll:

Schwachstelle Stellenbeschreibung

Auch wenn immer beteuert wird, Stellenbeschreibungen seien „out", wird doch in der betrieblichen Praxis vielfach der Versuch unternommen, die „kleinste organisatorische Einheit" im Unternehmen – die Stelle – zu fixieren. In der Konsequenz kann das dazu führen, dass Mitarbeiter mechanisch nach den Stellenmerkmalen selektiert werden, statt nach ihrem Können, ihren bisherigen Leistungen und Talenten. Was nicht passt, soll dann durch den Reparaturbetrieb „Personalentwicklung" passend gemacht werden. In einer straff-lockeren Organisation sollte dagegen ein Spielraum gelassen werden, die „Stelle" nach den Talenten der Mitarbeiter mit entsprechenden Aufgaben anzufüllen – gemäß dem Motto: „Erst die Person, dann die Organisation".

Schwachstelle Zielfindung

Selbstverständlich müssen sich Führungskräfte und Mitarbeiter ständig über kleine und große Ziele verständigen. Das kann die ganz große Strategie des Unternehmens sein, über die informiert wird, und das kann die Vereinbarung darüber sein, was man morgen als Verhandlungsergebnis im gemeinsamen Gespräch mit einem Kunden als Ergebnis erzielen will. Ziele sind wie ein roter Faden in der Mitarbeiterführung, an dem man sich in der Kommunikation entlanghangeln kann. Solche Ziele finden im Kontext alltäglicher Aufgabenabwicklung statt. Der Zeithorizont ist eher begrenzt, der Aktionsradius ist unmittelbar.

Mit der Suche nach Zielen für einen Zeithorizont von zwölf Monaten zum Beispiel wird allerdings der unmittelbare Handlungszusammenhang verlassen und die Aktionen werden in die Zukunft verlegt. Nicht selten fängt hier der Krampf an. Mühselig wird versucht, Mitarbeiterziele zu formulieren, die hohen formalen Ansprüchen gerecht werden: Sie sollen

- aus übergeordneten Zielzusammenhängen „runtergebrochen" werden,
- nach Hauptzielen, Nebenzielen und Maßnahmen geordnet werden,
- für Person und Unternehmen gleichermaßen relevant sein,
- in einem begründeten Zusammenhang mit den Hauptaufgaben des Stelleninhabers und den übrigen Team- und Abteilungszielen stehen,
- anspruchsvoll und motivierend sein, aber nicht zu hoch und nicht zu niedrig angesetzt werden,
- durch den Stelleninhaber wirklich beeinflussbar sein und
- so abgegrenzt sein, dass die Zielerreichung nicht von den Leistungen anderer abhängig ist.

Die Liste der Muss-Anforderungen an ein perfektes „Führen mit Zielen" lässt sich noch weiter fortführen. Führungskräfte und Mitarbeiter, die den Auftrag ernst nehmen, verheddern sich meist in langen Sitzungen in fruchtlosen Deduktions- und Abgrenzungsdebatten. Andere kürzen den Prozess ab und formulieren die Stellenbeschreibung in Ziele um. Wiederum andere formulieren unverbindliche Absichtserklärungen oder Peanuts.

Auf diese Weise wird die Zielvereinbarung zur ungeliebten betrieblichen Praxis, an der man nicht vorbeikommt, die aber als zahnloser Papiertiger nicht wirklich ernst genommen wird.

Schwachstelle Leistungsbonus

Ernst werden die Zielvereinbarungen dann genommen, wenn mit ihnen Bonuszahlungen verbunden sind. Dieser Ansatz wird immer wieder damit begründet, dass Leistung sich lohnen muss und das Prinzip „Gießkanne" individuelle Leistungsunterschiede nicht berücksichtige. Grundsätzlich ist aber mit dem Ansatz leistungsorientierter Bezahlung auf der Basis von Zielvereinbarungen eine fatale Grundannahme verbunden.

Fatale Grundannahme

Mitarbeiter halten Leistungsreserven zurück und aktivieren diese erst, wenn mit zusätzlicher Bezahlung gewunken wird.

Damit wird zwischen Führungskräften und Mitarbeitern ein Spiel eröffnet, das möglicherweise viel überflüssige Fantasie bei den Akteuren erzeugt, dem Unternehmen aber eher schadet, weil

- die Mitarbeiter möglichst niedrige Erwartungen hinsichtlich der Ziele bei ihren Führungskräften wecken wollen, damit sie in den vollen Genuss eines Bonus kommen,
- Führungskräfte an „schlichten Zielen" der Mitarbeiter, die sich leicht messen lassen, mehr Interesse haben als an komplexen Aufgaben und Projekten, bei denen sie kaum Einblick nehmen können,

- es aus Führungskräften „Pfennigfuchser“ macht, die mit scheingenauen Instrumenten Zielerreichungsgrade errechnen und in Bonusbeträge umrechnen,
- quantitative, messbare Ziele, die sich in einen Bonus umrechnen lassen, im Vordergrund stehen, während qualitative Ziele vernachlässigt werden,
- das Verfolgen der Jahresziele Mitarbeiter mit Scheuklappen agieren lässt, wodurch Veränderungen am Markt gar nicht wahrgenommen werden,
- Aktivitäten am Markt fehlgesteuert werden.

Beispiel: Telekommunikation

Im Kampf um Marktanteile am Telekommunikationsmarkt haben Anbieter in den letzten Jahren immer wieder ihren Vertrieb durch Zielvorgaben mit Bonusversprechen dazu veranlasst, mit Macht unausgereifte technische Lösungen beim Kunden zu platzieren. Die Vertriebsmitarbeiter kamen damit in die psychologisch ungünstige Lage, von ihnen selbst als unzulänglich erkannte Produkte zu vertreiben und die Serviceanforderungen der Kunden zu ignorieren, da diese Aktivitäten nicht mit einem Bonus belohnt wurden. Auf diese Weise wurden die Moral der Mitarbeiter und die Unternehmenskultur geschwächt und zugleich die Kunden vergrätzt.

Fassen wir zusammen: Aus der betrieblichen Komplexität und Vernetzung sinnvolle Einzelziele für Mitarbeiter herauszulösen und mit Bonusversprechungen zu versehen, stellt an Führungskräfte wie Mitarbeiter hohe Anforderungen, an denen die meisten scheitern. Wozu dann der ganze Aufwand?

Christian Stein, ein Praktiker aus der Wirtschaft, setzt sich sehr kritisch mit Zielvereinbarungen – vor allem hinsichtlich ihrer Wirtschaftlichkeit – auseinander. Er benennt folgende Irrtümer, die mit dem Zielmanagement verbunden sind:

Irrtum 1: Zielmanagement kostet wenig und bringt viel
Welche Erträge stehen den immensen Kosten eines ausgefeilten „Management by Objectives" gegenüber? Die Fürsprecher versuchen nicht einmal, eine Bilanz aufzustellen. Sie diskutieren lieber Fragen der Umsetzung und die Details.

Irrtum 2: Individuelle Ziele tragen zum Unternehmensziel bei
Wenn die strategische Richtung falsch ist, kann die individuelle Zielerfüllung durch die Mitarbeiter geradewegs zu einem schlechten Unternehmensergebnis führen. Mangelnde Korrelation von kollektiven und individuellen Zielen birgt für die Akzeptanz des Systems große destruktive Potenziale.

Irrtum 3: Vergütung individueller Ziele fördert Visionen
Zielvereinbarungsgespräche werden durch die Kopplung an die Vergütung zu Gehaltsverhandlungen. Ein Mitarbeiter sorgt sich dabei weniger darum, was für die Firma als Ganzes gut ist, als darum, wie er sein individuelles monetäres Ergebnis optimieren und möglichst niedrige Ziele vereinbaren kann.

Irrtum 4: Zielsysteme können maßgeschneidert werden
Individuelle Ziele müssen individuell erreichbar sein und können somit nur Bereiche betreffen, die der Mitarbeiter hinreichend beeinflussen kann. Die Folge ist oft eine Optimierung des eigenen Bereichs auf Kosten anderer. Viele Kompromisse sind nötig, um die Zahl der Ziele nicht zu groß werden zu lassen (Stein 2007).

Christian Stein kommt zu dem Fazit: „In Zeiten hohen Kostendrucks stellen Unternehmen alles rigoros auf den Prüfstand. Doch beim Zielmanagement leisten wir uns aufwendige Systeme, ohne den Ertrag belegen zu können – ja, ohne auch nur nach dem Ertrag zu fragen. Ein Verzicht auf diese Systeme würde vermutlich kaum zu einem Verlust führen – weder materiell noch in der Führungskultur. Im Gegenteil, es würden Ressourcen frei, sich auf Führungsinstrumente zu konzentrieren, deren Ertrag sich besser belegen und steuern lässt." (Stein 2007, S. 26).

Was gebraucht wird, ist also sowohl eine zukunftsorientierte Planung als auch eine chancenorientierte, aktuelle und flexible Taktik. Wie lassen sich nun wirtschaftliche Planungserfordernisse und chancenorientiertes Im-Hier-und-Jetzt-Handeln miteinander verbinden?

Das Chancenmanagement

Chancenmanagement ist ein Führungs- und Organisationskonzept, nach dem

- nicht starre Pläne und Budgets das Handeln bestimmen, sondern ein roulierendes Verfahren, in dem Teams an der Peripherie des Unternehmens kundennah den Markt beobachten und bedarfsgerecht Entwicklungen und Projekte anstoßen,
- Mitarbeiter nicht den Stellen „angepasst" werden, sondern Mitarbeitern – innerhalb eines überschaubaren organisatorischen Rahmens – Aufgaben nach ihrem Können und ihren Talenten zugeordnet werden,
- auf eine Zusatzbezahlung auf der Basis von Zielvereinbarungen verzichtet wird.

Dieser Ansatz des Chancenmanagements basiert unter anderem auch auf folgenden Erkenntnissen und Annahmen:

- Folgt man der „Logik des Unbestimmten" (Fuzzy Logic), dann lassen sich die Wirtschaft und die Märkte nicht hinreichend nach dem Schema „Null oder Eins" bzw. „Ja oder Nein", das heißt nach einer binären Logik, beschreiben und erklären. So wie es zwischen „Schwarz und Weiß" eine ganze Palette von Grautönen gibt, bestehen auch Unternehmen, Märkte und die gesamte Wirtschaft aus „Unbestimmtheiten", denen man sich in der Absicht, Chancen zu nutzen, nähern muss, ohne vorher alles scheinbar planerisch im Griff zu haben.

- Das menschliche Gehirn mit dem sogenannten limbischen System (Häusel 2008) steuert mit seiner „Belohnungsinstanz“ Entscheidungen und Verhaltensweisen, die sowohl im Hier und Jetzt angesiedelt, als auch in die Zukunft gerichtet sind. Die mehr im Hier und Jetzt agierende „hedonistische Region“ sucht nach Abwechslung und nach dem Neuen. Diese Motivation wird eher gebremst, wenn es um langfristige Aufgaben geht, die dann mit mehr Pflichtbewusstsein und Ratio angegangen werden. Beide Regionen gilt es im Management zu nutzen.
- Die Belohnungsinstanz des limbischen Systems „verbucht“ „leistungsbezogene Vergütungsanteile“, wenn sie mehrfach gezahlt worden sind, nicht als Belohnung, sondern als Rechtsanspruch. Demgegenüber haben Belohnungen „bei demjenigen, der sie erhält, eine größere Wirkung, wenn sie überraschend kommen und nicht erwartet werden. Das gilt sowohl für verbales Lob wie für eine Aufmerksamkeit oder auch für eine einmalige Prämienzahlung. Wichtig ist, die Einmaligkeit hervorzuheben, sodass keine generelle Belohnungserwartung entsteht, die im ungünstigsten Falle nur enttäuscht werden kann. Wird eine Belohnung häufig ausgesprochen, tritt eine Habituation ein, die die Wirksamkeit der Belohnung abschwächt.“ (Elger 2009, S. 180).

Das Chancenmanagement stellt erhebliche Anforderungen an die Unternehmensführung. Nicht das durch Misstrauen geprägte Bemühen, alles unter Kontrolle haben zu wollen, bestimmt das Handeln, sondern das Vertrauen in die Führungskräfte, die selbstständig ihr Können unter Beweis stellen. Chancenmanagement basiert auf dem Modell des „Beyond Budgeting“ (Pfläging 2008).
Die Prinzipien des Beyond Budgeting lauten (Pfläging 2008):

- Fokussierung auf die Verbesserung von Kundenergebnissen
- Netzwerke vieler kleiner ergebnisverantwortlicher Einheiten
- Hochleistungsklima basierend auf relativem Teamerfolg am Markt

- Dezentralisierung der Entscheidungsbefugnisse
- Steuerung auf der Basis von Zielen, Werten und Begrenzungen
- offene Information
- hoch gesteckte, bewegliche Ziele für kontinuierliche, relative Verbesserung
- Belohnung von Teams nach der relativen Ist-Leistung
- Planung als roulierender, aktionsorientierter Prozess
- Kontrolle anhand relativer Leistungsindikatoren
- Ressourcen werden bedarfsorientiert hier und jetzt bereitgestellt
- dynamische Planung und Koordination

„Als Steuerungs- und Führungsprinzip bildet der relative Leistungsvertrag das Herzstück des Beyond-Budgeting-Modells. (...) Die implizite Abmachung zwischen Unternehmensleitung, Managern und Mitarbeitern in einem ‚relativen Leistungsvertrag' lautet, dass es Aufgabe der Leitung ist, ein herausforderndes und offenes Handlungsklima zu schaffen, in dem sich Mitarbeiter zur Erarbeitung kontinuierlicher Leistungsverbesserung verpflichten." (Pfläging 2008, S. 33).

Beispiel: Firma TEX

In einem produzierenden Textilunternehmen für wetterfeste Sportbekleidung vermeldete der Vertrieb vermehrt Reklamationen von Einzel- und Großhändlern wegen diverser Qualitätsmängel. Der Vertrieb erfuhr von den Händlern, dass diese wiederum massiven Ärger mit ihrer Kundschaft hatten. In einer Ad-hoc-Arbeitsgruppe aus Mitarbeitern vom Einkauf, Forschung und Entwicklung, der Produktion und der Qualitätssicherung, von Marketing und Vertrieb ging man zwei Themen an: Wie lassen sich die Qualitätsmängel so schnell wie möglich abstellen und wie kann man die verärgerten Händler und Endverbraucher wieder beruhigen? Innerhalb von vier Wochen waren die Probleme gelöst. Die Qualität stimmte wieder. Die Händler wurden zu einem Workshop mit Rahmenprogramm eingeladen, wo die Firma TEX um ein offenes Wort bat und sich entschuldigte. Über die Händler wurde ein Entschuldigungsschreiben mit einem Warengutschein an die Endverbraucher versandt. Ein Jahr später war die Kundenbindungsquote – nach einem dramatischen Einbruch – wieder auf dem Stand der Vorjahre.

Wären die Abteilungen Forschung und Entwicklung, Produktion und Qualitätssicherung ausschließlich der verfahrenstechnischen Ursachensuche für die Mängel und Reklamationen nachgegangen und hätte der Vertrieb stoisch an seinen Verkaufszahlen und das Marketing an der Kampagne für das folgende Jahr gearbeitet, wäre die langfristige Kundenbindung gefährdet worden.

Was ist zu tun?

1. Stellen Sie Führungskräfte nicht nach der Maßgabe einer strikten Stellenbeschreibung ein, sondern suchen Sie Talente, die mit ihrem Können Aufgaben jenseits der Logik des Organigramms wahrnehmen können. Jemand, der in seiner bisherigen Berufsbiografie unter Beweis gestellt hat, dass er in Verhandlungen besonders erfolgreich ist, kann dieses Talent gewinnbringend für das Unternehmen sowohl im Einkauf, im Verkauf oder beispielsweise bei Kooperationsverhandlungen einbringen.
2. Versuchen Sie nicht, Menschen vorgefertigten Stellenbeschreibungen anzupassen oder durch Maßnahmen der „Personalentwicklung“ passend zu machen, sondern individualisieren Sie die Aufgabenbeschreibung nach dem Können und den Talenten der Mitarbeiter.
3. Verzichten Sie auf statische Stellenbeschreibungen. Fixieren Sie aber die Hauptaufgaben der Führungskräfte und schreiben Sie diese nach den Erfordernissen des Unternehmens und den Talenten der Führungskräfte entsprechend fort. Nutzen Sie dabei den „Management-Monitor“ (vgl. Kapitel „Auf das Können kommt es an – Führung“) mit den vier Dimensionen:

- Führung und Organisation
- Planung und Steuerung
- Produkt- und Marktinnovation
- Kundenmanagement und Vertrieb

4. Die aktuelle Aufgabenbeschreibung markiert den unmittelbaren Aktionsradius, innerhalb dessen Mitarbeiter die Chancen suchen und nutzen, das Unternehmen nach vorne zu bringen.
5. Schaffen Sie Zielvereinbarungen mit Bonusversprechen ab. Lassen Sie die Mitarbeiter am Gesamtergebnis partizipieren. Zeigen Sie außerplanmäßig finanzielle Anerkennung für außerordentliche Leistungen und Erfolge.

Alle Stellschrauben bewegen – Personalkosten

Zusammenfassung

Im Folgenden wird aufgezeigt, wie Unternehmen in „kritischen Zeiten“ durch eine vorsorgliche Personalwirtschaft bei den Personalkosten „Luft“ gewinnen können, um das Radikalmittel der betriebsbedingten Kündigung zu vermeiden. Erläutert werden die einzelnen „Stellschrauben“, mit denen im Rahmen bestehender Tarifverträge und individualvertraglicher Regelungen eine Flexibilisierung und Variabilisierung von Entgeltbestandteilen vorgenommen werden kann.

Problemstellung

Das zwischen Mitarbeitern und Arbeitgebern vereinbarte Entgelt für die zu leistende Arbeit gehört zu den sensibelsten Bereichen der Unternehmensführung. Selbst in der Krise gelingt es selten, die Bezahlung einvernehmlich der schlechten Auftrags- und Ertragslage anzupassen. Die Arbeitnehmer fürchten zu Recht, dass ihre Bemessungsgrundlage für das Arbeitslosengeld geschmälert wird, wenn sie trotz des erbrachten „Lohnopfers“ in die Arbeitslosigkeit entlassen werden. Arbeitgeber wiederum fürchten den offensiven Schritt der Lohnkürzung aufgrund ihrer schwachen Rechtsposition und greifen lieber zum Radikalmittel der betriebsbedingten Kündigung.

Die Personalkosten stellen in der Regel in allen Branchen und allen Unternehmen in Deutschland den größten Kostenblock dar, der kurzfristig kaum beeinflussbar ist. Im Vergleich zu den meisten europäischen und außereuropäischen Ländern bewegen sich die Lohn- und Lohnnebenkosten in Deutschland auf hohem Niveau. Dieses zu verringern ist in Anbetracht der allgemeinen Lebenshaltungskosten sehr schwer. Einem Facharbeiter mit Familie mit einem durchschnittlichen monatlichen Ein-

kommen von 2.500 Euro „in die Tasche zu greifen", geht an dessen existenzielle Grundlage und ist tödlich für die Motivation.
Manch ein Unternehmer mit lohnintensiver Fertigung ging deshalb in der Vergangenheit ins Ausland, um Personalkosten zu sparen. Andere kamen aber auch wieder zurück.

Beispiel Sennheiser

Die Firma Sennheiser, die für ihre qualitativ hochwertige Tontechnik weltweit bekannt ist, rückverlagerte ihre Fertigung aus dem Ausland, weil man erkannt hatte, dass der Standort Deutschland über ein intaktes Lieferanten-, Vertriebs- und Servicenetzwerk, ein hohes Qualitätsbewusstsein und gut qualifizierte Arbeitnehmer verfügt.

In der Wirtschaftskrise werden die hohen Personalkosten allerdings zum entscheidenden Risikofaktor. Zur relativ kurzfristig wirksamen Kostensenkung erscheint dann die Entlassung von Mitarbeitern als Ultima Ratio. Um dieses letzte Mittel möglichst lange nicht in Erwägung ziehen zu müssen, ist es im Sinne einer vorsorglichen Unternehmensführung wichtig, viele kleine „Stellschrauben" zu nutzen, um in der Summe doch zu Kosteneinsparungen im Personalbereich zu kommen.

Einige Handlungsfelder der Unternehmens- und Personalführung, die zu einer Kostenreduktion führen können, zeigt folgende Übersicht:

Handlungsfelder des Personalmanagements	Erwünschte Kosteneffekte
Outsourcing	Verringerung der Fixkosten Einkauf von „Leistungen" aus günstigerem Tarifbereich
Zeitarbeit	Flexible Kapazitätsanpassung allerdings bei erhöhten Kosten Problemlose Beendigung des Beschäftigungsverhältnisses

Zeitverträge	Flexible Kapazitätsanpassung bei normalen Kosten Problemlose Beendigung des Beschäftigungsverhältnisses
Freie Mitarbeiter	Flexibilität Einsparung von Sozialversicherungsbeiträgen
Senkung des Krankenstands	Vermeidung von Ausfallzeiten, Überstunden, Leiharbeit Verbesserung der Gesundheit der Mitarbeiter
Senkung der Fluktuation	Vermeiden von Personalsuche und Einarbeitung Steigerung der Produktivität

Abbildung 23: Handlungsfelder der Unternehmens- und Personalführung zur Kostenreduktion

Die Flexibilisierung und Variabilisierung der Vergütung

Im Folgenden liegt das Hauptaugenmerk auf zwei Ansätzen aktiven Personalkostenmanagements, die in besonderer Weise kostenwirksam sind:

- Flexibilisierung der Vergütung
- Variabilisierung der Vergütung

Bei diesen Maßnahmen muss zwischen dem außertariflichen, individualvertraglichen Bereich und dem Tarifbereich unterschieden werden.

Individualverträge

Bei Einzelverträgen mit außertariflichen Mitarbeitern hat der Unternehmer einen freien Gestaltungsraum zur Flexibilisierung und Variabilisierung der Grundvergütung und möglicher Zusatzleistungen.

In kritischen Phasen der Unternehmensentwicklung können auch Änderungskündigungen mit Verweis auf die Wirtschaftslage des Unternehmens ausgesprochen werden. Es liegt dann beim Arbeitnehmer, ob er sich arrangiert oder der Änderungskündigung widerspricht. Dann trifft man sich vor dem Arbeitsgericht. Meist endet dann das Beschäftigungsverhältnis mit einem Vergleich.

Kollektivverträge

Im Tarifbereich wird der Handlungsspielraum des Unternehmens durch die rechtliche Stellung des Unternehmens zu dem Tarifpartner und durch die jeweiligen Tarifverträge, je nach Branche und Tarifgebiet, bestimmt.

Bevor also unterschiedliche Gestaltungsmöglichkeiten zur Flexibilisierung und Variabilisierung der Vergütung im Tarifbereich auf betrieblicher Ebene diskutiert werden, muss erst einmal der Gestaltungsspielraum ausgelotet werden.

Regelungsmöglichkeiten im Tarifbereich

Auf betrieblicher Ebene sind Regelungsmöglichkeiten gegeben,

- wenn das Unternehmen nicht tarifgebunden ist,
- wenn das Unternehmen nicht tarifgebunden ist, obwohl für die Branche ein Flächentarifvertrag besteht – zumindest für den Kernbereich des Arbeitsentgelts und der Arbeitszeit und
- wenn der Tarifvertrag ausdrücklich Öffnungsklauseln für die Entgeltfindung auf Betriebsebene enthält.

Für die Anpassung bestimmter Entgeltbestandteile an die reale Ertragssituation des Unternehmens ist also entscheidend, ob die bestehenden Tarifverträge entsprechende Öffnungsklauseln enthalten. Ist das nicht der Fall, eröffnet sich kein Handlungsspielraum für das Unternehmen und die Mitarbeiter.

Keine Regelungsmöglichkeiten im Tarifbereich

Auf betrieblicher Ebene sind keine Regelungsmöglichkeiten gegeben, wenn das Unternehmen an einen Tarifvertrag gebunden ist, der keine entsprechenden Öffnungsklauseln für betriebliche Regelungen enthält.

> Ein Tarifvertrag gilt dann unmittelbar und zwingend, wenn das Unternehmen Mitglied im tarifschließenden Arbeitgeberverband ist und die Arbeitnehmer Mitglieder der tarifschließenden Gewerkschaften sind. Besteht für ein Unternehmen eine Tarifbindung, können aufgrund der Regelungssperre des § 77 Abs. 3 BetrVG keine Betriebsvereinbarungen zu den im Tarifvertrag geregelten Bereichen – also auch zum Arbeitsentgelt, zu Arbeitszeit und Zusatzleistungen usw. – getroffen werden.

Sind Regelungsmöglichkeiten gegeben, lassen sich die in den folgenden Abschnitten genannten Stellschrauben fein justieren.

Die Flexibilisierung der Vergütung

Starre Entgeltsysteme und einzelvertraglich fixierte Vergütungsansprüche der Arbeitnehmer lassen es nicht zu, dass ein Unternehmen flexibel auf Absatz-, Umsatz-, Kosten- und Ergebnisentwicklungen reagiert. Wenn aber Regelungsmöglichkeiten auf betrieblicher Ebene gegeben sind, kann im Rahmen von Ergänzungs- oder Haustarifverträgen, durch Betriebsvereinbarungen und einzelvertragliche Regelungen die Entgeltvereinbarung flexibel gestaltet werden. Neben der Regelung des Grundgehaltes, das bei einem „Betrieblichen Bündnis“ auch unterhalb des Tariflohns liegen kann, besteht der Gestaltungsspielraum auf betrieblicher Ebene insbesondere im außertariflichen Bereich. Hierbei handelt es sich zumeist um Zusatzleistungen in Abhängigkeit von Auftragslage und betriebswirtschaftlichem Ergebnis des Unternehmens und der persönlichen Leistung des Arbeitnehmers. Um zeitnah kostenmindernd auf betriebliche Veränderungen reagieren zu können, lassen sich die folgenden Flexibilisierungsinstrumente nutzen:

Widerrufsvorbehalt

Der Widerrufsvorbehalt ermöglicht dem Arbeitgeber, durch den Widerruf eine vereinbarte Leistung in der Zukunft wieder einzustellen. Dem Arbeitnehmer wird also zunächst ein Anspruch auf die Leistung eingeräumt, der jedoch unter bestimmten Voraussetzungen wieder beseitigt werden kann. Widerrufsvorbehalte finden sich in der Praxis häufig bei laufenden über- und außertariflichen Vergütungsleistungen des Arbeitgebers, zum Beispiel Provisionen, monatlichen Leistungszulagen, vereinzelt aber auch bei Änderungen des Tätigkeitsbereichs. Möchte sich der Arbeitgeber die Widerrufsmöglichkeit offen halten, muss er aus Gründen der Transparenz einen ausdrücklichen Widerrufsvorbehalt vereinbaren. Es genügt nicht, eine Leistung als „zusätzliche Leistung“ zu bezeichnen. Der Widerruf muss schriftlich erfolgen.

Freiwilligkeitsvorbehalt

Der Freiwilligkeitsvorbehalt bewirkt, dass schon von vornherein kein Anspruch auf eine bestimmte Leistung entsteht. Der Arbeitgeber bringt mit diesem Flexibilisierungsinstrument zum Ausdruck, dass er die Leistung freiwillig und ohne Anerkennung einer Rechtspflicht zahlt und jederzeit wieder einstellen kann. Es entsteht auch kein Rechtsanspruch, wenn zum Beispiel die Zahlung eines Weihnachtsgeldes über mehrere Jahre hinweg erfolgt ist, wenn im Arbeitsvertrag ein entsprechender Freiwilligkeitsvorbehalt enthalten ist. Dieses Flexibilisierungsinstrument kann man zum Beispiel bei Gratifikationen und anderen Sonderleistungen einsetzen, die nicht als Gegenleistung für die Arbeit an sich erbracht werden.

Teilkündigungsvorbehalt

Der Teilkündigungsvorbehalt bewirkt, dass ein zunächst bestehender Anspruch des Arbeitnehmers einseitig vom Arbeitgeber beseitigt werden kann. Im Unterschied zum Widerrufsvorbehalt ist bei der Teilkündigung eine Frist zwischen Ausübung des Kündigungsrechts und tatsächlichem Wirksamwerden der Änderung vorgesehen.

Anrechnungsvorbehalt

Anrechnungsvorbehalte sind dort interessant, wo neben dem Tariflohn übertarifliche Zulagen gezahlt werden. Wird der Tariflohn erhöht, kann der Arbeitgeber die übertarifliche Zulage mit der Tariferhöhung verrechnen. Im Ergebnis erhält der Arbeitnehmer also die gleich hohe Vergütung wie bisher. Diese setzt sich lediglich anders zusammen, nämlich aus dem erhöhten Tariflohn und der verringerten übertariflichen Zulage.

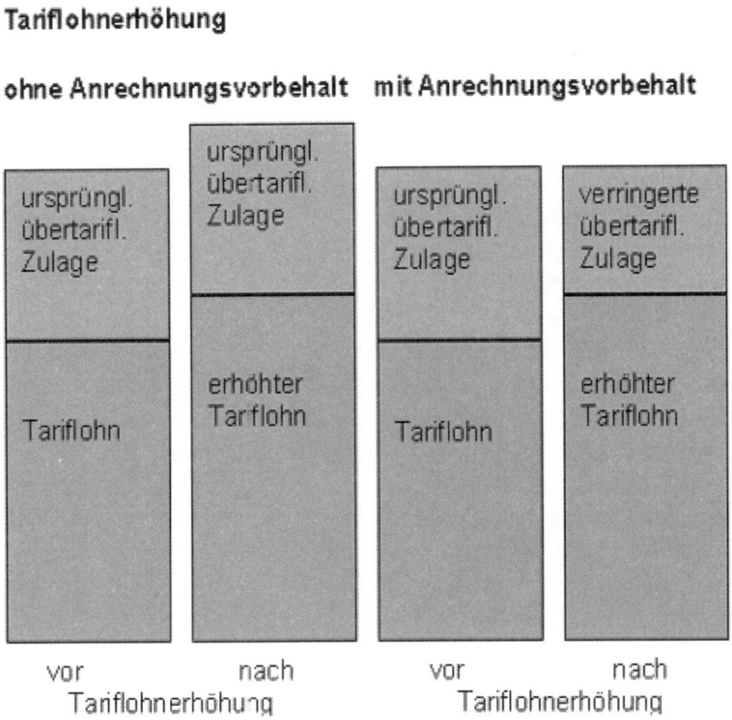

Abbildung 24: Darstellung der Anrechnungsvorbehalte bei Tariferhöhung

Möglich ist eine Anrechnung jedoch nur dann, wenn es sich um eine allgemeine Zulage handelt, die nicht zu bestimmten Zwecken erbracht wird. Wird die Zulage hingegen beispielsweise für bestimmte Funktionen oder Erschwernisse gezahlt (zum Beispiel eine Schmutzzulage), muss sie auch nach einer Tariflohnerhöhung in gleicher Höhe weitergewährt werden, da sich die Funktion bzw. die Erschwernis dadurch nicht verändert hat. Der Anrechnungsvorbehalt darf sich also nur auf solche Zulagen beziehen, die gewährt werden, weil die tarifliche Vergütung als zu niedrig angesehen wird und damit durch die Zulage die Tariflohnerhöhung faktisch vorweggenommen wird.

Befristung

Die Befristung einer Zulage, zum Beispiel bei Einsatz eines Mitarbeiters in einer Wechselschicht, führt dazu, dass nach Beendigung des Einsatzes die gewährte Wechselschichtzulage sofort entfällt, ohne dass der Arbeitgeber durch Widerruf oder Kündigung tätig werden muss. Befristungen ermöglichen dem Arbeitgeber, beim Personaleinsatz, der Arbeitszeitregelung und beim Arbeitsentgelt in Abhängigkeit von typischen betrieblichen Nachfrage- und Absatzschwankungen schnell zu reagieren.

Absenkung des Jahresgehalts

Die Absenkung des Jahresgehalts bei bestehenden Verträgen bedarf seitens des Arbeitgebers einer triftigen Begründung. Das setzt also eine sehr offene Darlegung der allgemeinen Finanzlage und Geschäftssituation voraus. In zahlreichen Betrieben, die sich in einer existenzbedrohenden Situation befinden, sind solche einvernehmlichen Personalkosteneinsparungen vorgenommen worden. Dabei gelten folgende Spielregeln in einer vertrauensvollen Zusammenarbeit, die der Schriftform bedürfen:

- Die betriebliche Notwendigkeit der Reduzierung der Bezüge muss intensiv kommuniziert und belegt werden.
- Die zeitliche Befristung der Maßnahme bzw. die Überprüfung der Notwendigkeit der Personalkostensenkung an bestimmten betriebswirtschaftlichen Kennziffern muss fest vereinbart werden.
- Im Gegenzug zur Absenkung bzw. Flexibilisierung der Bezüge muss der Arbeitgeber bereit sein, befristete Beschäftigungsgarantien auszusprechen.

Die ideale und einfachste Form der Flexibilisierung besteht in einem Nachtrag zu einem bestehenden Arbeitsvertrag bzw. einem Änderungsvertrag, der einvernehmlich zwischen Arbeitgeber und Arbeitnehmer geschlossen wird.

Beispiel: Änderungsverträge

Im ursprünglichen Arbeitsvertrag ist eine monatliche Vergütung von 3.000 Euro vereinbart. Sind sich Arbeitgeber und Arbeitnehmer einig, dass für die Zukunft nur noch eine Vergütung von 2.800 Euro (gegebenenfalls als Gegenleistung für eine Beschäftigungsgarantie für zwei Jahre oder eine Absenkung der Arbeitszeit) gelten soll, können sie den ursprünglichen Arbeitsvertrag dahingehend ändern.

Weigert sich ein Arbeitnehmer, einem Änderungsvertrag zuzustimmen, kann der Arbeitgeber eine Änderungskündigung in schriftlicher Form aussprechen. Eine Änderungskündigung liegt nach der Definition des § 2 KSchG vor, wenn der Arbeitgeber das Arbeitsverhältnis kündigt und im Zusammenhang mit der Kündigung dem Arbeitnehmer die Fortsetzung des Arbeitsverhältnisses zu geänderten Arbeitsbedingungen anbietet.

Die Änderungskündigung ist jedoch aus folgenden Gründen kaum zur kurzfristigen und rechtssicheren Flexibilisierung des Entgelts geeignet:

- Lehnt der Arbeitnehmer das Änderungsangebot ab, wirkt die Änderungskündigung als Beendigungskündigung. Der Arbeitgeber verliert also möglicherweise einen Arbeitnehmer, mit dem er – wenn auch zu veränderten Bedingungen – weiter zusammenarbeiten möchte.
- Der Arbeitnehmer kann aber auch das Änderungsangebot unter dem Vorbehalt der sozialen Rechtfertigung annehmen (§ 2 S. 1 KSchG) und anschließend die soziale Rechtfertigung gerichtlich überprüfen lassen.

In zweiten Fall muss der Arbeitnehmer zwar ab dem Kündigungszeitpunkt zunächst zu den neuen Bedingungen tätig werden. Wird jedoch – nach einem unter Umständen mehrjährigen Verfahren – rechtskräftig entschieden, die Änderung sei nicht sozial gerechtfertigt, muss der Arbeitnehmer wieder zu den ursprünglichen Bedingungen weiterbeschäftigt werden.

Im folgenden Überblick werden noch einmal die einzelnen Flexibilisierungsinstrumente in knapper Form und in ihrer Wirkung auf die Kosten dargestellt:

Flexibilisierungsinstrumente	Kosteneffekt
Widerrufsvorbehalt	Ermöglicht dem Arbeitgeber, eine vereinbarte Leistung durch Widerruf in der Zukunft wieder einzustellen
Freiwilligkeitsvorbehalt	Bewirkt, dass schon von vornherein kein Anspruch auf eine bestimmte Leistung entsteht
Teilkündigungsvorbehalt	Zunächst bestehende Ansprüche des Arbeitnehmers können einseitig vom Arbeitgeber beseitigt werden
Anrechnungsvorbehalt	Sind dort interessant, wo neben dem Tariflohn übertarifliche Zulagen gezahlt werden. Wird der Tariflohn erhöht, kann der Arbeitgeber die übertarifliche Zulage mit der Tariferhöhung verrechnen
Befristung	Sie führt dazu, dass die Zulage nach Beendigung einer damit verbundenen besonderen Arbeitsleistung, sofort entfällt
Absenkung des Gehalts	Wird idealerweise einvernehmlich zwischen Arbeitgeber und Arbeitnehmer im Rahmen eines entsprechenden Änderungsvertrags geschlossen. Weigert sich ein Arbeitnehmer, einem Änderungsvertrag zuzustimmen, kann der Arbeitgeber eine Änderungskündigung in schriftlicher Form aussprechen. Bei einer Änderungskündigung ist der Rechtsweg allerdings langwierig und unsicher

Abbildung 25: Flexibilisierungsinstrumente und ihre Kosteneffekte

Die Variabilisierung der Vergütung

Die im vorangegangenen Abschnitt dargestellten Instrumente zur Flexibilisierung von Personalkosten dienen dazu, Entgeltzahlungen möglichst kurzfristig der jeweiligen Ergebnissituation des Unternehmens anzupassen. Die Frage ist nun, wie die auf diese Weise flexibilisierten Vertrags- und Vergütungsregelungen genutzt werden können, um kostenneutral bzw. kostensenkend die betriebliche Leistung und das Ergebnis zu steigern. Hierfür können verschiedene Ansätze einer variablen Vergütung dienen.

Unter variabler Vergütung sind alle Vergütungsbestandteile zu verstehen, die einem Mitarbeiter dann ausgezahlt werden, wenn bestimmte zuvor definierte Ziele oder Erfolge erreicht worden sind. Diese Ziele bzw. Erfolge können unterschiedlichster Art sein und hängen ganz von den unternehmens und vergütungspolitischen Zielsetzungen ab. Zu unterscheiden ist zwischen

- einer ergebnisorientierten variablen Vergütung, die sich zumeist an dem Gesamtergebnis eines Unternehmens oder aber an dem Ergebnis einer Gruppe oder Abteilung orientiert (Tantieme, Gratifikation usw.),
- einer individuellen leistungsorientierten Zulage aufgrund vereinbarter Leistungsziele (Provision, Bonus, Leistungszulage usw.) sowie
- sozialen Leistungen des Arbeitgebers (Zuschüsse), die durch Gehaltsumwandlungen finanziert werden, wodurch der Arbeitgeber Lohnnebenkosten spart und auch der Arbeitnehmer lohn- und einkommensteuerlich besser dasteht.

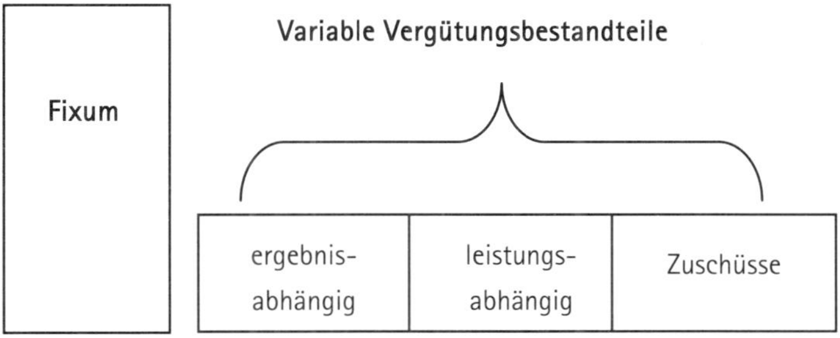

Abbildung 26: Fixe und variable Vergütungsbestandteile

Die Variabilisierung von Vergütungsbestandteilen ist gleich in zweifacher Hinsicht auch ein Instrument des Kostenmanagements:

- Die Personalfixkosten werden generell gesenkt.
- Erfolgs- und leistungsorientierte Entgeltkomponenten werden nur bei erlöswirksamen Zusatzleistungen, also bei erhöhter Produktivität fällig. Durch Umwandlung von fixen in variable Gehaltsanteile spreizt sich die Gewinnschere. Ein erhöhter Erlös senkt die Fixkosten und lässt einen den Break-even-Point schneller erreichen, wie die nachstehenden Abbildungen verdeutlichen sollen:

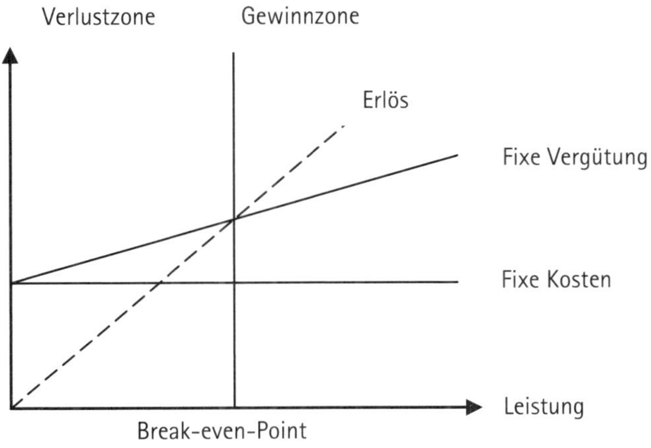

Abbildung 27: Erlöse und Kosten bei fixer Vergütung

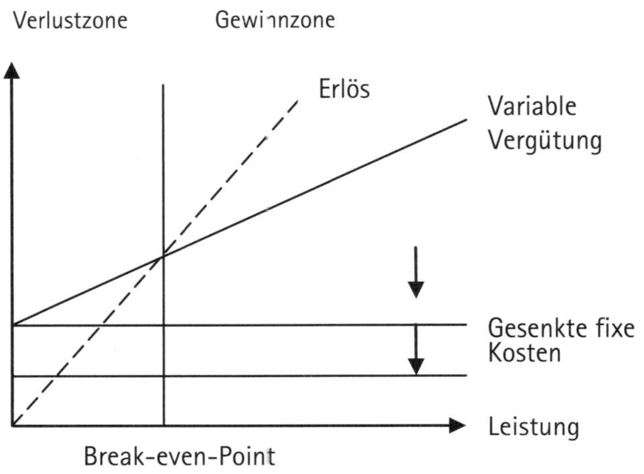

Abbildung 28: Erlöse und Kosten bei variabler Vergütung

Je stärker Mitarbeiter vertriebsorientiert arbeiten, desto deutlicher lässt sich der persönliche Leistungsanteil und der Beitrag zum Umsatz und Gewinn messen. Erhöhte Kosten für Erfolgsprämien im angemessenen Verhältnis zur Ertragssteigerung tragen zur Kostendegression bei. Allerdings muss an dieser Stelle noch einmal vor den motivationalen und ertragsmäßigen Tücken eines mechanisch durchgeführten Programms der ziel- und leistungsorientierten Bezahlung gewarnt werden (vgl. Kapitel „Aufgaben und Ziele aktualisieren – Chancen“). Hat ein Unternehmen gute Mitarbeiter und leisten sie gute Arbeit, muss nicht noch der Versuch unternommen werden, Leistungsreserven aus den Mitarbeitern herauszulocken. Stimmt das Gesamtergebnis, sollten alle Mitarbeiter daran partizipieren. Die Unterteilung in Fixum und Ergebnisbonus dient im Vertrieb allerdings der Risikoverteilung zwischen Unternehmen und Vertriebsmitarbeitern, wie die Abbildungen 27 und 28 zeigen.

Variable Vergütung im Tarifbereich

Bei Tarifmitarbeitern ist der Spielraum für eine variable Vergütung eng begrenzt und nur im Bereich über- bzw. außertariflicher Regelungen möglich. Eine solche Vergütung „on top“ kann teuer werden, wenn nicht die Mitarbeiter durch außergewöhnliche und zusätzliche Leistungen zu einer deutlichen Ergebnissteigerung beitragen können. Außerdem sollten folgende Grundsätze bei der Entlohnungspolitik gelten:

- Für die vertraglich vereinbarte Vergütung schulden Mitarbeiter dem Unternehmen ein Optimum an Leistungsquantität und -qualität.
- Wenn Mitarbeiter Minderleistungen oder gar Schlechtleistungen erbringen, sind disziplinarische Maßnahmen erforderlich, von der Ermahnung über die Abmahnung bis hin zur Kündigung.
- Halten Mitarbeiter bei ihrer Routinetätigkeit in der Fertigung, im Service, im Verkauf, im Handwerk oder in der Sachbearbeitung quantitative und qualitative Leistungsreserven zurück und mobilisieren diese erst, wenn eine Zusatzvergütung ausgelobt wird, stimmt etwas nicht mit der Leistungsnorm und der Leistungsbemessung. Hier müssen Zeiten und Arbeitsmengen mit geeigneten Standardmessverfahren überprüft werden.

Es gilt also im Tarifbereich – wie in den folgenden Beispielen gezeigt wird – ganz genau zu prüfen, ob, warum und wann eine variable Vergütung gezahlt wird.

- Ob als Erfolgsbeteiligung aller, im Sinne einer Treue- und Anerkennungsprämie, oder
- als Äquivalent für außergewöhnliche Leistungen, die sich positiv im Ergebnis und bei den Kosten auswirken.

Beispiel 1

In einem Betrieb mit 100 gewerblichen Mitarbeitern wird seit Jahren das Urlaubs- und Weihnachtsgeld unter einem „Freiwilligkeitsvorbehalt" (vgl. den vorherigen Abschnitt) gezahlt. In zwei aufeinanderfolgenden Jahren schrieb das Unternehmen rote Zahlen und es erfolgten keine Sonderzahlungen wie bisher. Im dritten Jahr schrieb das Unternehmen wieder schwarze Zahlen und im vierten Jahr erfolgte ein deutlicher Gewinnsprung. Die Geschäftsführung entschied sich, den Betrag für die bisherigen Urlaubs- und Weihnachtsgeldzahlungen in einen Bonuspool einfließen zu lassen und diesen unter Ergebnis- und Leistungsaspekten an die Belegschaft auszuschütten.

Beispiel 2

Um sich dem ausschließlichen Preiswettbewerb zu entziehen und die Kapazitätsauslastung zu verbessern, entschied sich der Besitzer eines großen Malereihandwerksbetriebes mit 25 Mitarbeitern eine Qualitätsoffensive zu starten. Er führte eine Schulung durch, in der mit den Mitarbeitern die Kundenerwartungen hinsichtlich Pünktlichkeit, Verlässlichkeit, Ordnung, Sauberkeit und Höflichkeit thematisiert und die entsprechenden Verhaltensweisen trainiert wurden. Durch Kundenbefragungen – per Hausbesuch oder per Telefon während der Malerarbeiten und nach deren Abschluss – erfuhr er, wie sich seine Leute wirklich verhielten. Bei positiver Rückmeldung zahlte der Unternehmer unmittelbar nach Abschluss der jeweiligen Arbeiten an die Mitarbeiter einen „Gruppen-Qualitätsbonus" aus. Innerhalb kurzer Zeit verbreitete sich in der Region durch Mundpropaganda der gute Ruf des Malereibetriebs, die Aufträge nahmen deutlich zu, der Auslastungsgrad der Malerkolonnen stieg und das Betriebsergebnis wurde proportional und absolut nachhaltig gesteigert.

Beispiel 3

Ebenfalls in einem Handwerksbetrieb, in dem sieben Elektriker beschäftigt waren, wurden Erfolgsprämien gezahlt, wenn die Handwerker vor Ort durch „sanfte Nachakquisition" zusätzliche Aufträge vorbereiteten, die dann auch realisiert wurden. Dieser mündlichen Vereinbarung zwischen dem Handwerksmeister und den Mitarbeitern ging allerdings eine Schulung voraus, um unangemessenes „Drückerverhalten" zu vermeiden.

Generell sollte die Bemessung individueller Leistungszulagen auch im Tarifbereich nicht ohne Bezug zu einer Leistungsbeurteilung erfolgen. Das Grundschema, in dem die wesentlichen, ergebnisorientierten Verhaltensweisen von Mitarbeitern erfasst werden, zeigt die folgende Abbildung:

Beurteilung / Leistungsmerkmale	Sehr gut	Gut	Befriedigend
Quantität	X		
Qualität		X	
Verhalten gegenüber Kunden			X
Teamverhalten		X	
Führungsverhalten		X	

Abbildung 29: Schema einer Leistungsbeurteilung

Variable Vergütung im außertariflichen Bereich

Im außertariflichen Bereich bzw. bei leitenden Mitarbeitern ist die Möglichkeit, Personalkosten ergebnis- und leistungsorientiert zu variabilisieren, sehr groß. Allerdings müssen die Leistungsbeiträge einzelner Mitarbeiter oder von Mitarbeitergruppen real messbar sein und die Leistungsboni in einer für das Unternehmen berechenbaren und rentablen Relation zur Ergebnissteigerung stehen.

Außerordentliche, kurz- oder mittelfristig ergebniswirksame Leistungen werden insbesondere erbracht durch

- unmittelbar messbare Steigerung von Umsatz- und Absatzzahlen,
- Neukundengewinnung, Kundenbindung und Steigerung der Kundenrentabilität,
- störungsfreie Betriebslaufzeiten,
- geringen Ausschuss,
- geringe Reklamationen,

- das Halten bzw. Steigern von Qualitätsstandards,
- Verbesserungsvorschläge, realisierte Ideen und Patente.

Bei der Auswahl der Mitarbeiter, die in ein leistungsorientiertes Vergütungssystem einbezogen werden sollen, und bei der Bestimmung der Relation des Leistungsbonus im Verhältnis zum Grundgehalt, kann die folgende Entscheidungsmatrix hilfreich sein. Mit zunehmendem Beeinflussungsgrad nimmt der fiktive Bonus zu, der dann je nach realer Leistung zwischen 0 bis 200 Prozent der Basissumme ausgezahlt werden kann.

Beeinflussungsgrad & Bonus in % / Bereiche	Sehr hoch 25 % 0–200 %	Hoch 20 % 0–200 %	Mittel 15 % 0–200 %	Messgrößen
Ergebnis				Umsatz, Absatz, Cashflow, Deckungsbeitrag
Vertrieb				Kundengewinnung, Kundenbindung, Kundenrentabilität
Betrieb/Qualität				Betriebslaufzeiten, Ausschuss, Reklamationen, Qualitätsstandards
Innovation				Verbesserungsvorschläge, realisierte Ideen, Patente
Längerfristige Projekte, z. B. Akquisitionen, Kooperationen, Auslandsmärkte				Arbeitseinsatz, Zwischenerfolge, Planungstreue

Abbildung 30: Entscheidungsmatrix zur Ermittlung der Bonusstufe

Leitende Mitarbeiter können zumeist nur in einem, höchstens in zwei Bereichen besonderen Einfluss auf das Geschehen haben. Das reicht auch aus, um sie in diese Matrix einzuordnen. Beispielhaft wird im Folgenden eine Gehaltsstruktur mit zwei variablen Vergütungsbestandteilen dargestellt:

Leistungs- bonus	Basiswert: 15 % des Grundgehalts Bandbreite: 0–200 % Grundlage: Mitarbeiterbeurteilung/Zielvereinbarung
Tantieme	5–10 % des Grundgehalts nach Gehaltsstufen Grundlage: Geschäftsergebnis/Dividende Gehaltsstufen/Gehaltsbandbreiten € p. a.
Grund- gehalt	1) 30,0 - 37,5 2) 37,5 - 46,8 3) 46,8 - 58,6 4) 58,6 - 73,2 5) 73,2 - 90,0

Abbildung 31: Mustervergütungsstruktur für außertarifliche Mitarbeiter

Deutlich wird an diesem Modell, dass sowohl die Tantieme als auch der Leistungsbonus – als freiwillige Vergütungsbestandteile – bei schlechtem Unternehmensergebnis bzw. nicht zureichender individueller Leistung gen null gehen können. Andererseits gibt es hinreichend „Spreizungsspielräume“, um situativ und individuell vorzugehen.

Zielvereinbarungen

Als Hebel zur ertragswirksamen individuellen Leistungssteigerung können individuelle Zielvereinbarungen dienen. Zielvereinbarungen bzw. das Instrument des „Führens mit Zielen" ist ein Führungsinstrument, das durch die Vereinbarung anspruchsvoller, realistischer, messbarer und terminierter Ziele zu einer allgemeinen Leistungssteigerung des Unternehmens führen kann. Diese Leistungsoptimierungen müssen aber nicht zwingend (kurzfristig) positiv ergebniswirksam sein, sondern können gegebenenfalls zu mehr Kosten führen, zum Beispiel bei der Einführung eines Qualitätsmanagementsystems. Zum anderen zeigt sich in der Praxis, dass die Deduktion von anspruchsvollen Zielen aus Strategien, Jahres-

und Projektplänen zeitaufwendig, intellektuell anspruchsvoll und nicht immer wirklich ergebnisorientiert ist. Unter Kostenmanagementaspekten muss also ein Zielvereinbarungssystem einfach und wirksam sein. Ansonsten erzeugt ein neuer „Papiertiger" nur Kosten und Frust.

Personalkostensenkung durch Gehaltsumwandlung

Ein weiteres Instrument zur Senkung von Personalkosten ohne demotivierende Wirkung stellt die Gehaltsumwandlung dar. Der Arbeitnehmer stimmt freiwillig der Umwandlung von Gehaltsbestandteilen zu bzw. verzichtet auf eine Gehaltserhöhung. Im Gegenzug übernimmt der Arbeitgeber die Finanzierung besonderer sozialer Leistungen.
Solche besonderen Leistungen können sein:

- Kindergartenzuschüsse
- private Telefonaufwendungen
- Fahrtkostenzuschüsse
- Mahlzeitenzuschüsse
- Dienstwagen
- betriebliche Altersversorgung

Im Einzelnen müssen Arbeitgeber und Arbeitnehmer Folgendes tun:

- Der Arbeitnehmer verzichtet auf Bruttolohn, zum Beispiel in Höhe der Aufwendungen für regelmäßige Mahlzeiten.
- Der Arbeitgeber übernimmt diese Aufwendungen im Sinne einer Betriebsausgabe.
- Dem geminderten Bruttolohn wird ein pauschaler Sachbezugswert zugerechnet.
- Das Delta zwischen ursprünglichem Bruttolohn und Bruttolohn nach Gehaltsverzicht und Sachbezugswert ergibt eine steuersparende Mindereinnahme für den Arbeitnehmer, je nach Progression und Höhe des Unterschiedsbetrags.

Beispiel: Essensgeldzuschuss

Ein lediger Arbeitnehmer mit einem Bruttoeinkommen von 30.000 € p. a. vereinbart mit seinem Arbeitgeber eine Gehaltsumwandlung für Essensmarken á 5,53 € pro Tag x 15 = 82,95 = 995,40 € p. a.

Nach der Gehaltsumwandlung sieht seine Jahreslohnabrechnung wie folgt aus:

Bruttojahresgehalt	30.000,00 €
Gehaltsumwandlung	995,40 €
Sachbezugswert für Essensmarken	443,60 €
Steuer- u. beitragspfl. Einkommen	29.450,60 €
abzüglich	
Sozialabgaben	6.070,00 €
Steuern	5.908,00 €
Wert der Essensmarken	995,40 €
Realeinkommen	18.022,00 €

Beispiel: Altersversorgung

Ein Arbeitnehmer mit einem monatlichen Bruttoeinkommen von 3.000,00 € und einem Steuersatz von 40 % zahlt monatlich 200,00 € per Gehaltsumwandlung in die betriebliche Altersversorgung ein. Die 200,00 € sind steuerfrei, sodass der Arbeitnehmer einen Nettoaufwand von 120 € hat. Wird die Altersversorgung aus betrieblichen Sonderzahlungen gespeist, können Arbeitnehmer und Arbeitgeber Sozialversicherungsbeiträge sparen.

Auch wenn es sich nur um kleine Maßnahmen handelt, kommt es doch auf den Effekt in Summe an. Vorsorgliche Unternehmens- und Personalführung fängt mit der Umsetzung solcher Maßnahmen nicht erst in der Krise, sondern in „guten Zeiten" an.

Was ist zu tun?

1. Flexibilisierungs- und Variabilisierungsansätze des Entgelts bieten kleine Stellschrauben des Kostenmanagements, die in Summe allerdings etwas bringen. Deshalb kommt es darauf an, in „guten Zeiten“ für „schlechte Zeiten“ vorzusorgen.
2. Achten Sie aber bei der Formulierung der Verträge darauf, dass der Mitarbeiter nicht das Gefühl bekommt, sich nur auf Einschränkungen und Restriktionen einzulassen. Das vergiftet das Klima und kann sich in Konfliktsituationen rächen.
3. Wenn das Unternehmen nicht Mitglied eines tarifabschließenden Arbeitgeberverbandes ist, kann es mit jedem Arbeitnehmer vertragliche Regelungen treffen.
4. Besteht „Tariffreiheit“ und gibt es einen Betriebsrat, so sollten einvernehmlich zwischen diesem und der Unternehmensleitung Betriebsvereinbarungen getroffen werden, die den Arbeitsbedingungen vor Ort entsprechen.
5. Ist das Unternehmen Mitglied eines Arbeitgeberverbandes, der Tarifpartner der Gewerkschaften ist, muss geprüft werden, ob Öffnungsklauseln vorgesehen sind, die einzelbetriebliche Regelungen zulassen.
6. Bestehen keine Öffnungsklauseln im Tarifvertrag, sollte das Einzelunternehmen den Arbeitgeberverband drängen, dieses bei dem nächsten Tarifvertrag durchzusetzen, oder das Unternehmen verlässt den Verband.

Den Einsatz fein justieren – Zeitressourcen

Zusammenfassung

Intelligente Instrumente, die dabei helfen, die Arbeitskapazität flexibel der tatsächlich anfallenden Arbeit anzupassen, haben in Deutschland in den letzten Jahren, vor allem durch die Arbeitszeitkonten, weite Verbreitung gefunden. In wirtschaftlich angespannten Zeiten kommt es darauf an, diese Instrumente konsequent zu nutzen und deren Wirkungsweise zu überprüfen. Deshalb werden in diesem Kapitel die wichtigsten Ansätze zur Flexibilisierung der Arbeitszeit dargestellt und einer Kosten-Nutzen-Betrachtung unterzogen.

Problemstellung

Wenn in der Produktion, in den Büros und im Handel die Aufträge knapp und die Kunden rar werden, läuten in der Geschäftsleitung und bei den Mitarbeitern die Alarmglocken. Nichts zu tun zu haben, frustriert das Personal, zumal wenn kein Licht am Ende des Tunnels sichtbar wird. Jeder ist imstande eins und eins zusammenzählen: So kann es nicht weitergehen. Angst und Lähmung setzen ein. Die Geschäftsleitung registriert mit Sorge sinkende Umsätze und Erträge bei konstanten Kosten. Neben der Ressource Geld für die Vergütung von Leistungen stellt die Ressource Zeit das wichtigste personalwirtschaftliche Feld dar. Starre Tages- und Wochenarbeitszeiten entsprechen nicht den saisonalen oder konjunkturell bedingten Nachfrage- und Absatzschwankungen in Produktion und Dienstleistung. Es kommt darauf an, das Beste aus der Situation zu machen.

Auch hier gilt, wie im vorherigen Kapitel ausführlich dargestellt, dass bei tarifgebundenen Unternehmen „Öffnungsklauseln" erforderlich sind, um individuelle betriebliche Regelungen zu vereinbaren und umzusetzen.

Die Flexibilisierung der Arbeitszeit

Arbeitszeitkonten

Arbeitszeitkonten stellen das wichtigste Instrument zur Flexibilisierung der Arbeitszeit dar. Auf einem persönlichen Zeitkonto des Mitarbeiters werden periodenbezogen Abweichungen zwischen der vereinbarten und der tatsächlich geleisteten Arbeitszeit saldiert. Arbeitszeitkonten ersetzen das traditionelle, starre Muster der gleichmäßig über die Arbeitswoche, den Monat oder das Jahr verteilten Arbeitszeit und eröffnen Möglichkeiten, Arbeitskräfte über einen längeren Zeitraum auch bei schwacher Auftragslage weiterzubeschäftigen und nicht auf einen Schlag freizusetzen. Dass damit Einkommensverluste für die Arbeitnehmer verbunden sind, ist für die Betroffenen sehr schmerzlich (vgl. Kapitel „Alle Stellschrauben bewegen – Personalkosten"), aber unvermeidlich. Vorerst bleiben zumindest die Arbeitsplätze erhalten.

Flexible Arbeitszeitkonten bieten grundsätzlich folgende Chancen:

- optimale Reaktion auf schwankende Auftragslagen
- Ausweitung von Betriebs- und Servicezeiten sowie Reduktion der Kosten
- bessere Synchronisation von Markt- und Betriebsbedingungen durch die Anpassung der Arbeitszeit an die betrieblichen Anforderungen
- schnellere Reaktionsmöglichkeit auf Markt- und Kundenerfordernisse
- effektiverer Einsatz der Arbeitskräfte
- optimierte Anlagennutzungszeiten
- Vermeidung von Überstundenzuschlägen und Kurzarbeit für die Unternehmen, wenn es kurzfristig doch zu Auftragsschüben kommt
- kundengerechte Öffnungs-, Service- und Ansprechzeiten

- geringere Leerzeiten und Lagerkosten
- kürzere Produktions- und Lieferzeiten
- Sicherung des Unternehmens in krisenhaften Zeiten
- Steigerung der Zeitsouveränität der Arbeitnehmer
- gesteigerte Möglichkeiten für eine lebensphasengerechte Arbeitszeitgestaltung

Allerdings muss auch beachtet werden, dass
- Kostenersparnissen durch flexible Kapazitätsanpassungen Kapitalkosten, zum Beispiel für nicht genutzte Maschinen, gegenüberstehen,
- der Entwicklungs- und Administrationsaufwand zusätzliche Kosten verursacht und
- die Gewährleistung der „Zeitsparguthaben" besonderer Maßnahmen der Rückstellung und der Insolvenzabsicherung bedarf.

Dennoch sollten unter Kosten- und Motivationsgründen in jedem Unternehmen unabhängig von der Betriebsgröße die Möglichkeiten zur Flexibilisierung der Arbeitszeit geprüft werden. Je nach Betriebsgröße und Flexibilisierungsbedarf können dann unaufwendige, hauseigene Lösungen oder EDV-basierte Systemlösungen realisiert werden.

Gleitzeit

Die Gleitzeit ist die am weitesten verbreitete Form der Zeitkontenführung. Bei der einfachen Gleitzeit hat der Arbeitnehmer die Möglichkeit, Beginn und Ende der täglichen Arbeitszeit innerhalb bestimmter Grenzen frei zu wählen, wobei die Dauer der täglichen Arbeitszeit nicht veränderbar ist. Bei der qualifizierten Gleitzeit kann der Arbeitnehmer hingegen auch die Dauer der täglichen Arbeitszeit variieren. Bei der Gleitzeit wird eine tägliche oder wöchentliche Kernarbeitszeit festgelegt (zum Beispiel 9.00 bis 15.00 Uhr), in der die Beschäftigten anwesend sein müssen. Den Rest ihrer Arbeitszeit dürfen sie innerhalb der Rahmenarbeitszeit (zum Beispiel 7.00 bis 19.00 Uhr) verteilen.

Überstunden werden gemäß eines vertraglichen Vergütungsmodus oder einer Freizeitregelung ausgeglichen.

Datum	Beginn	Ende	Soll-Zeit	Ist-Zeit	Tagessaldo
Monatssaldo					

Abbildung 32: Gleitzeiterfassung

Jahresarbeitszeitkonto

Starre Wochen- oder Monatsschemata werden durch einen Jahresbezug (Jahresarbeitskonto) abgelöst. Durch die Verlängerung des Bezugs- und Ausgleichszeitraumes wird eine flexiblere Gestaltung des Arbeitszeitvolumens sowohl für das Unternehmen als auch für die Arbeitnehmer erreicht. Voraussetzung ist, dass der Arbeitszeitsaldo im Jahresdurchschnitt mit der vertraglich vereinbarten Arbeitszeit übereinstimmt.

Beispiel: Berechnung eines Jahresarbeitszeitkontos

Das Jahresarbeitszeitkonto ist die Summe aller Stunden, die ein Mitarbeiter in einem Jahr arbeiten muss. Dieses Budget wird folgendermaßen berechnet:

1. Schritt: Wochenstunden mal 13 Wochen = Stunden pro Quartal
2. Schritt: Quartalsstunden geteilt durch drei Monate = Monatsstunden
3. Schritt: Monatsstunden mal zwölf Monate = Jahresstunden

Ampelkonto

Das Ampelkonto stellt eine Erweiterung der bisher genannten Arbeitszeitkonten dar. Hier wird ein Warnsystem eingerichtet, bei dem der Stundensaldo des Beschäftigten permanent kontrolliert wird – ob das Konto überzulaufen droht bzw. zu viel Freizeit konsumiert wird. Es sollen sich vor allem keine Zeit-

guthaben ansammeln, die durch Freizeitausgleich praktisch nicht mehr abgebaut werden können.
Die verschiedenen Phasen werden durch die Ampelfarben signalisiert. Die Stundenvorgaben, ab wann die Gelb- und Rotphase einsetzt, sind in den Unternehmen unterschiedlich hoch.

Beispiel: Bäckerei

Eine Bäckerei hat tägliche Öffnungszeiten von 7.00 bis 18.00 Uhr. Innerhalb der Kernzeit von 9.00 bis 16.00 Uhr sollten Verkäuferinnen anwesend sein. In wöchentlichem Wechsel übernimmt jeweils eine Verkäuferin die frühe Schicht und eine Mitarbeiterin die späte Schicht. Frau Müller, die in dieser Woche die späte Dienstzeit übernimmt, hat sich für eine Woche krankgemeldet. Frau Meier, die mit ihrem Ampelkonto im grünen Bereich bei fünf Plusstunden steht, übernimmt den Vertretungsdienst. Die zehn Überstunden, die deshalb anfallen, notiert sie auf ihrem Zeitkonto, das nach der Vertretungswoche eine Summe von 15 Plusstunden aufweist.

+/- 60 Stunden	Rot: Der Vorgesetzte greift regulierend ein, um das Arbeitskonto wieder in den gelben bzw. grünen Bereich zu bringen.
+/- 40 Stunden	Gelb: Erfordert die Zusammenarbeit von Mitarbeitern und Vorgesetzten.
+/- 30 Stunden	Grün: Die Mitarbeiter tragen die Verantwortung für die Regulierung der Arbeitszeit.

Abbildung 33: Beispiel Ampelkonto

Flexibler Arbeitszeitkorridor

Der Arbeitgeber kann mit Vorankündigung und in einem festgelegten Rahmen in Abhängigkeit vom Arbeitsaufkommen einen „flexiblen Arbeitszeitkorridor" festlegen. Er ist zum Beispiel in der Lage, die wöchentliche Arbeitszeit bei einer vertraglichen Durchschnittsarbeitszeit von 35 Stunden zwischen 40 und 30 Stunden zu variieren.

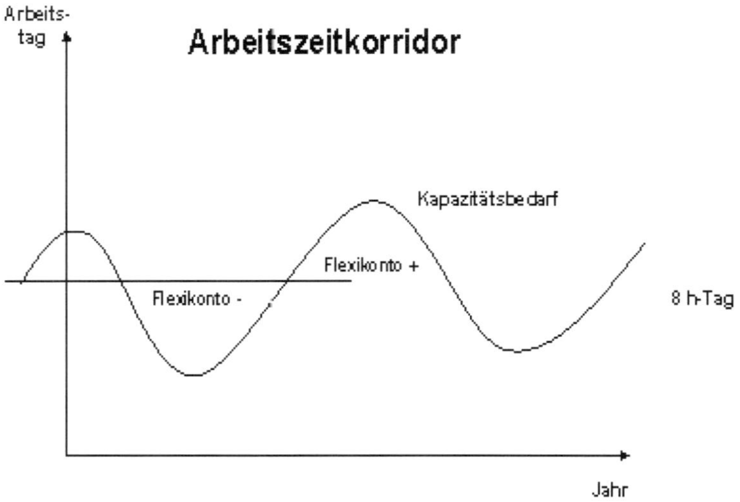

Abbildung 34: Flexibler Arbeitszeitkorridor

Unternehmen mit besonderem Flexibilisierungsbedarf – etwa aufgrund von Auftragsschwankungen oder saisonalen Spitzen und Tälern – können ihre Arbeitszeit an der Auslastung ihrer Kapazitäten orientieren. Der flexible Arbeitszeitkorridor findet vorwiegend, aber nicht ausschließlich in der Produktion Anwendung. Die Schwankungen durch Mehr- oder Minderstunden werden über ein separates Zeitkonto erfasst und ausgeglichen. Das Grundgehalt, das Standard-Arbeitszeitmodell und die Zusatzleistungen der betreffenden Mitarbeiter werden durch die arbeitszeitlichen Schwankungen nicht berührt.
Ein flexibler Arbeitszeitkorridor leistet einen wichtigen Beitrag zur Vermeidung von Über- und Leerlaufzeiten durch eine bessere Verteilung von Mehr- und Wenigerarbeit. Der Korridor erlaubt eine Flexibilität nicht nur nach oben, sondern auch nach unten.

Beispiel: Produktionsunternehmen

In einem Produktionsunternehmen wird ein Zeitkonto auf +/- 70 Stunden angelegt. Der Mitarbeiter muss innerhalb einer gewissen Zeitspanne - zum Beispiel in einem Jahr - den Nullbereich durchlaufen, um wieder ein ausreichendes Flexibilitätspotenzial sicherzustellen.

Sabbatjahr

Das Sabbatjahr klingt nach Luxus, Vollbeschäftigung, Muße und Work-Life-Balance. In der betrieblichen Praxis wird dieses Instrument aus den verschiedensten Gründen auch wenig eingesetzt. Das Sabbatjahr ist ein vom Unternehmen gebilligter Langzeiturlaub (meist zwischen drei und zwölf Monaten), an dessen Ende der Arbeitnehmer in das Unternehmen und im Idealfall an seinen alten Arbeitsplatz zurückkehrt. Obwohl der Arbeitnehmer frei entscheiden kann, wie er die Auszeit nutzt, profitiert in der Regel auch das Unternehmen durch wiedererstarkte Leistungsfähigkeit und Motivation, neue Ideen und den gewachsenen Wissens- und Erfahrungshorizont.

Weiterbildung

Gerade in schwierigen Zeiten kann das Sabbatjahr von Arbeitnehmerinnen und Arbeitnehmern für die eigene Weiterbildung genutzt werden. Neben den von der Bundesagentur geförderten Maßnahmen zur Weiterbildung bei Kurzarbeit gibt es auch Beispiele, dass Arbeitnehmer ohne Arbeitsplatzverlust ein Studium aufnehmen, wobei entweder angesparte Zeitguthaben aufgebraucht werden oder aber die Finanzierung durch die Arbeitsagentur oder Stipendien erfolgt.

Lebensarbeitszeitkonto

„Überschüssige Arbeitszeit", die nicht in Freizeit ausgeglichen wird, kann auf Lebensarbeitszeitkonten gutgeschrieben werden. Zum Ansparen dieser überschüssigen Zeit wird in Abweichung zu der vertraglich vereinbarten Arbeitszeit ein zusätzliches Stundenkontingent vereinbart (zum Beispiel 40 statt 38,5 Stunden/Woche), welches zusätzlich zum normalen Kurzzeitkonto auf ein Langzeitkonto gebucht wird (zum Beispiel 1,5 Stunden/Woche). Diese angesparte Zeit kann für längere Freizeitblöcke, eine kürzere Lebensarbeitszeit, den gleitenden Übergang in den Ruhestand oder für Weiterbildung genutzt werden. Eingerichtet werden muss ein Kurzzeitkonto, welches in Stunden geführt wird. Bei Erreichen der entsprechenden Stundenanzahl fließt das Konto über und geht als ganze Tage dem Langzeitkonto zu. Für sämtliche Zeitgutschriften sollte vereinbart werden, dass sie unverfallbar sind und nur in begründeten Ausnahmesituationen (zum Beispiel Firmenaustritt, Todesfall) ausbezahlt werden. Die Gutschriften auf den Zeitkonten können unter Berücksichtigung der betrieblichen Belange als einzelne freie Stunden, freie Tage oder als Sabbatjahr genommen oder auch zur Reduzierung der Lebensarbeitszeit genutzt werden.

Kurzarbeit

Die oben genannten Formen der Flexibilisierung der Arbeitszeit stellen in sehr kritischen Phasen allerdings nur ein Tropfen auf den heißen Stein dar. Deutliche Personalkosteneinsparungen ermöglicht dagegen die Kurzarbeit.

Ausnahmezustand

Kurzarbeit ist im Arbeitsverhältnis ein Ausnahmezustand mit reduzierter Regelarbeitszeit. Sie soll Unternehmen als Möglichkeit dienen, bei schwieriger Wirtschaftslage Kündigungen zu vermeiden.

Die Mitarbeiter im Unternehmen arbeiten bei Kurzarbeit über einen gewissen Zeitraum hinweg weniger oder überhaupt nicht. Der dadurch entstehende Verdienstausfall wird durch den Staat in gewisser Höhe ausgeglichen. Zuständig für diese Leistung ist in Deutschland die Bundesagentur für Arbeit.
Die Kurzarbeit soll Unternehmen bei einer vorübergehenden schlechten Auftragslage das Überleben ermöglichen, indem die Personalkosten reduziert werden. Die Arbeitnehmer müssen dabei Einkommensverluste in Kauf nehmen, da das Kurzarbeitergeld nicht das volle Einkommen ersetzt. Der Arbeitsplatz

und eine gewisse Grundversorgung bleiben jedoch erhalten. Anders als bei Entlassungen muss das Unternehmen keine qualifizierten und eingearbeiteten Mitarbeiter aufgeben.
Die Bedingungen, unter denen ein Unternehmen gemäß §§ 169 ff. SGB III Kurzarbeit anmelden kann, sind:

- Es gibt einen „erheblichen Arbeitsausfall", der auf wirtschaftlichen Gründen oder einem unabwendbaren Ereignis beruht.
- Der Arbeitsausfall ist vorübergehend; es gibt begründete Hoffnung auf eine Besserung der Lage.
- Der Arbeitsausfall ist nicht vermeidbar.

Konjunkturpaket II

Die Bundesregierung hat 2009 im Rahmen des Konjunkturpakets II wesentliche Verbesserungen beim Kurzarbeitergeld vorgenommen. Die in dem „Gesetz zur Sicherung von Beschäftigung und Stabilität in Deutschland" enthaltenen Neuregelungen zu Kurzarbeit und Qualifizierung gelten rückwirkend zum 1. Februar 2009.

Die wichtigsten Regelungen des Konjunkturpakets II besagen:

- Die Agenturen für Arbeit erstatten die Hälfte der Beiträge zur Sozialversicherung, die auf Kurzarbeit entfallen. Für Mitarbeiterinnen und Mitarbeiter, die während der Kurzarbeit an Weiterbildungsmaßnahmen teilnehmen, können für diese Zeit – befristet bis Ende 2010 – die Beiträge sogar zu 100 % übernommen werden.
- Die Bedingung, dass mindestens ein Drittel der Belegschaft von einem Entgeltausfall betroffen sein muss, wird ausgesetzt. Um für einen oder mehrere Beschäftigte Kurzarbeitergeld zu beantragen, reicht ab sofort der Nachweis eines Entgeltausfalls von mehr als 10 %. Der Arbeitgeber hat bei der Antragstellung ein Wahlrecht, ob er vom Aussetzen des sogenannten Drittelerfordernisses Gebrauch macht oder wie bisher bei Erfüllung des Drittelerfordernisses Kurzarbeitergeld auch an weitere Arbeitnehmer zahlt, die von Entgeltausfällen von 10 % und weniger betroffen sind.

- Arbeitszeitkonten dürfen vor Bezug des Kurzarbeitergeldes nicht ins Minus gebracht werden.
- Ab dem 1. Januar 2008 durchgeführte vorübergehende Änderungen der Arbeitszeit aufgrund von Beschäftigungssicherungsvereinbarungen wirken sich nicht negativ auf die Höhe des Kurzarbeitergeldes aus.
- Kurzarbeitergeld kann nun auch uneingeschränkt für Leiharbeitnehmerinnen und Leiharbeitnehmer sowie für befristet Beschäftigte beantragt werden.
- Die Antragstellung und das Verfahren zum Kurzarbeitergeld werden vereinfacht.
- Weiterbildungsmaßnahmen für Beschäftigte während der Kurzarbeit werden umfangreich gefördert.

Was ist zu tun?

1. Nutzen Sie in kritischen Zeiten das Instrument der Kurzarbeit. Als vorsorgliches Sparmodell eignet sich das Instrument der Kurzarbeit allerdings nicht, schließlich müssen Sie Ihre wirtschaftliche Lage der Agentur für Arbeit glaubwürdig vermitteln.
2. Wägen Sie zwischen der Kurzarbeit und der Möglichkeit ab, in der Auftragsflaute mit den Mitarbeitern zusammen Geschäftsprozesse zu optimieren und sonstige betriebliche Belange im Hinblick auf den Aufschwung zu verändern (vgl. Kapitel „Die Flaute nutzen – Reorganisation“).
3. Regeln Sie die Flexibilisierung der Arbeitszeit passgenau mit dem Betriebsrat im Rahmen einer Betriebsvereinbarung. Voraussetzung ist die Öffnungsklausel im Tarifvertrag oder die Tariffreiheit.
4. Versuchen Sie so weit wie möglich, Arbeitszeitmodelle auch im Sinne der Work-Life-Balance auf die Bedürfnisse der Mitarbeiter abzustellen.

5. Überprüfen Sie von Zeit zu Zeit die Funktionalität der Modelle in der Praxis.

6. Nehmen Sie eine Kosten-Nutzen-Analyse vor. Für die Entwicklung, Umsetzung und Pflege flexibler Arbeitszeitmodelle entstehen Einmalkosten und laufende Kosten. Diese Kosten müssen deutlich geringer ausfallen als die Einsparungen, die durch die personalwirtschaftlichen Maßnahmen erwirtschaftet werden. Bezogen auf den unmittelbaren Personalaufwand ist bei wachsender Betriebsgröße mit Skaleneffekten zu rechnen. Grundsätzlich entsteht ein Personalmehraufwand, wenn Unternehmen nicht tarifgebunden sind bzw. aufgrund von Öffnungsklauseln im Tarifvertrag eigene Haustarife bzw. Betriebsvereinbarungen treffen. Dem stehen aber bei Nichtmitgliedschaft die Einsparungen bei der jeweiligen Tarifgemeinschaft und die Flexibilisierungs- und Individualisierungseinsparungen auf betrieblicher Ebene gegenüber. Eine allgemeine Kosten-Nutzen-Betrachtung vermittelt der folgende Überblick:

Instrument	Aufwand	Nutzen
Flexibilisierung der Arbeitszeit	Einmaliger Aufwand für die Entwicklung, die Information und die Implementierung Permanenter Pflege- und Kontrollaufwand Kapitalkosten, z. B. für nicht genutzte Maschinen „Zeitsparguthaben" erfordern besondere Maßnahmen der Rückstellung und der Insolvenzabsicherung	Optimale Reaktion auf schwankende Auftragslagen und Ausweitung von Betriebs- und Servicezeiten Bessere Synchronisation von Markt- und Betriebsbedingungen durch die Anpassung der Arbeitszeit an die betrieblichen Anforderungen Schnellere Reaktionsmöglichkeit auf Markt- und Kundenerfordernisse und effektiverer Einsatz der Mitarbeiter Optimierte Anlagen-Nutzungszeiten und Vermeidung von Überstundenzuschlägen und Kurzarbeit für die Unternehmen Geringere Leerzeiten und Lagerkosten und kürzere Produktions- und Lieferzeiten

Abbildung 35: Kosten-Nutzen-Betrachtung bei flexiblen Arbeitszeitmodellen.

Personal gewinnen mit der „Marke Mittelstand" – Zukunft

Zusammenfassung

In Krisenzeiten mit deutlichen Umsatz- und Ertragseinbrüchen und operativ zwingenden Kapazitätsanpassungen im Personalbereich müssen vorausschauende Unternehmen dennoch personalpolitisch antizyklisch handeln. In der konjunkturellen Aufschwung- und Wachstumsphase werden in der Zukunft vor allem diejenigen technisch-orientierten Unternehmen auf der Strecke bleiben, die in schlechten Zeiten nicht Vorsorge getroffen haben für den Engpassfaktor Nummer 1 des Wachstums: qualifizierte Fachleute, Spezialisten und generalistische Führungskräfte. Im Wettbewerb um diese Personengruppen haben die ganz großen Unternehmen mit starken Marken und professionellem Personalmarketing als Arbeitgeber erst einmal einen Vorsprung gegenüber mittleren und kleineren Unternehmen. In diesem Kapitel wird zum einen erläutert, wie sich diese Unternehmen mit ihren spezifischen Stärken ideell und materiell als „Marke Mittelstand" am Arbeitsmarkt für umkämpfte Talente positionieren können. Zum anderen werden konkrete Maßnahmen und Möglichkeiten der Personalbindung und -gewinnung auch neuer Zielgruppen aufgezeigt.

Problemstellung

In wirtschaftlichen Krisenzeiten haben Unternehmen mit rückläufigem Auftragseingang und geringeren Umsätzen und Erträgen vordergründig nur ein einziges Personalproblem: Wie lassen sich die vorhandenen Arbeitskapazitäten schnellstmöglich an die veränderte Auftrags- und Ertragslage anpassen? Oder salopp ausgedrückt: Wie meistern wir Kurzarbeit und Entlassungen? In solchen Zeiten, in denen jeder Cent zweimal umgedreht wird und die Erhaltung der Liquidität oberstes Gebot ist, erscheint die Forderung nach Investitionen in die Personalgewinnung und Personalbindung fehl am Platz zu sein. Dennoch müssen Unternehmen, die Wirtschaftskrisen als zyklisches Phänomen begreifen, antizyklisch handeln und sich strategisch auf den nächsten Aufschwung vorbereiten.

Antizyklisch handeln

Vorausschauende Unternehmen statten sich in wirtschaftlich angespannten Zeiten vorsorglich mit dem „Engpassfaktor Nummer 1" im wirtschaftlichen Aufschwung aus bzw. versuchen alles, um die richtigen Leute an Bord zu halten: die Spezialisten und Fachkräfte vor allem im Technologiesektor und dem Maschinenbau sowie die erfahrenen Generalisten für das Management.

Das betrifft vor allem den industriellen Mittelstand, der aufgrund der demografischen Entwicklung und dem Mangel an Fachkräften gegenüber großen Unternehmen und starken Marken beim nächsten Aufschwung auf dem Arbeitsmarkt „in die Röhre" schauen könnte.

Der Fachkräftemangel ist absehbar

Fachleute gehen davon aus, dass im Mittelstand in den kommenden Jahren 53.000 Stellen besetzt werden müssen, für die es keine qualifizierten und rekrutierbaren Mitarbeiter gibt.

Auch wenn wirtschaftliche Dellen die Zahl der Arbeitslosen nach oben schnellen lässt, gilt dies nicht für Fachkräfte auf der Ebene der Facharbeiter, Ingenieure und für Führungskräfte mit Spezialwissen und Erfahrung. Zudem bedroht die demografische Entwicklung den Wirtschaftsstandort Deutschland auch über konjunkturelle Wellentäler hinaus. Deutschland als Exportland braucht qualifizierte Mitarbeiterinnen und Mitarbeiter mit einem hochwertigen Wissen und Können, um die technologische Kernkompetenz des Wirtschaftsstandorts zu reproduzieren und weiterzuentwickeln. Gelingt dies nicht, deklassiert sich der „Exportweltmeister Deutschland" selbst.

Demografischer Wandel

Bis 2015 wird es gut ein Viertel weniger verfügbare Arbeitskräfte im Alter zwischen 30 und 45 Jahren geben als knapp zehn Jahre zuvor. Bereits 2010 werden 58 % aller Beschäftigten über 40 Jahre alt sein.

Der Personalengpass zeigt sich sehr deutlich bei Ingenieuren. Vielen Betrieben entgehen Aufträge, weil sie diese mangels qualifizierten Personals nicht abwickeln können. Selbst bekannte Arbeitgeber mit großen Marken können nicht alle Stellen besetzen und laufen Gefahr, mangels Kapazität Marktpotenzial zu verlieren.
Zweifellos entsteht sowohl in den einzelnen betroffenen Unternehmen als auch in der gesamten Volkswirtschaft ein **Wertschöpfungsdelta,** wenn eine der wichtigsten Ressourcen zur Leistungserstellung – das qualifizierte und leistungsorientierte Personal – äußerst knapp wird oder gar ganz „versiegt".
Dabei geht es nicht nur um Quantitäten und die fachlichen Qualifikationen allein. Auch die außerfachlichen Einstellungen und Verhaltensweisen gewinnen aufgrund der dynamischen Anforderungen in der Arbeitswelt immer mehr an Bedeutung. „Gesucht werden Mitarbeiter, die sowohl fähig als auch bereit sind, unter sich ständig verändernden Rahmenbedingungen Höchstleistungen zu bringen. Angesichts der Schere zwischen steigenden Anforderungen und dem Engpass beim Personalangebot wird es jedoch immer schwieriger, die passenden Bewerber zu finden." (Olesch 2009, S. 61).

Bei hoher Nachfrage und geringem Angebot an Berufsstartern und wechselbereiten Fachkräften wird die Fluktuation in diesem Personalsegment zu einem ernsten Problem. Gehen gute Leute, entsteht ein Defizit an Wissen und Können. Bis Vakanzen neu besetzt werden, braucht es seine Zeit. Passt man dann nach einigen Monaten der Zusammenarbeit – warum auch immer – nicht zusammen, war der Aufwand groß und das Ergebnis mau. Die Wartezeit, bis mögliche Kandidaten oder Kandidatinnen gefunden werden, die Arbeit aufgenommen, die Einarbeitung erfolgt, bis endlich eine angemessene Leistung als

Gegenleistung für die Aufwendungen erbracht wird, kommt dem Unternehmen teuer zu stehen.

Der Mittelstand befindet sich in dieser Situation in einem besonderen Verdrängungswettbewerb um Fachleute, Spezialisten und High Potentials mit den großen Markenunternehmen, börsennotierten Konzernen und smarten Beratungsfirmen. Diese Unternehmen haben – wenn auch mit krisenbedingter Verschnaufpause – im Wettbewerb um Spitzenkräfte gegenüber dem Mittelstand aus folgenden Gründen die Nase vorn:

- Sie zahlen im Durchschnitt mehr Geld als kleine und mittlere Unternehmen.
- Die Bekanntheit des Unternehmens beziehungsweise seiner Marken strahlt auf potenzielle Interessenten und Mitarbeiter ab.
- Sie bedienen sich kostspieliger Headhunter und aufwendiger Personalanzeigen.
- Sie verfügen meist über professionelle Personalmarketingabteilungen, die das Unternehmen und die Arbeitsplätze als „Produkt" profilieren und dieses Produkt systematisch auf unterschiedlichen „Vertriebswegen" auf den Arbeitsmarkt bringen und kommunizieren.

Der Erfolg dieser Anstrengungen zeigt sich in der Beliebtheit der großen, sinnlich erfahrbaren Marken bei Hochschulabsolventen. Im jährlichen „Absolventenbarometer" werden angehende Wirtschaftswissenschaftler und Ingenieure zum Thema Berufseinstieg befragt. Zur Qualitätsbeurteilung dienen Kriterien wie Arbeitszeit, Gehalt, berufliche Perspektive und deren Maß an Übereinstimmung mit den Karrierevorstellungen angehender Akademiker. Auf diese Weise werden die Top-100-Arbeitgeber in Deutschland ermittelt.
Auch 2009 fanden sich bei diesem Ranking bei den Wirtschaftswissenschaftlern und Ingenieuren die großen Automarken wie Porsche, Audi, BMW und Daimler unter den ersten zehn Plätzen.

Rang	Unternehmen	Prozent
1	Porsche	15,2
2	Lufthansa	13,3
3	BMW	13,1
4	Audi	12,2
5	McKinsey	11,6
6	Auswärtiges Amt	10,3
7	Google	8,2
8	Boston Consulting Group	7,9
9	Daimler	7,8
10	Adidas	7,6

Abbildung 36: Deutschland-Ranking der beliebtesten Arbeitgeber bei Wirtschaftswissenschaftlern 2009, Rang 1 bis 10, Quelle: Universum Communications

Unverkennbar ist, dass die starken Marken, die auf dem Käufermarkt hohe Präferenz erfahren, auch auf dem Personalbeschaffungsmarkt die Favoriten sind. Die Marke strahlt auf das ganze Unternehmen ab und der Arbeitgeber wird selbst zur Marke auf dem Arbeitsmarkt. Nun bestechen Autos durch Technik, Design, Schnelligkeit und Schönheit und bieten so ein breites Identifikationsspektrum.

Aber auch wenig sinnlich erfahrbare Marken haben aufgrund von Erfolg, Größe, Markenprofil und aktivem Personalmarketing relativ hohe Attraktivität für junge Hochschulabsolventen. Auf Platz 34 der Hitliste von 2009 befindet sich der Energiekonzern „Eon" dessen Produkte weder sinnlich erfahrbar noch technisch für den Laien eine Bedeutung haben. Eon hat aber in den letzten Jahren sehr kostspielig in die Bekanntheit der Marke investiert und damit auch einen bilanzierbaren hohen Markenwert erreicht. Zugleich hat sich Eon daran gemacht, das Unternehmen auch als Arbeitgeber auf dem Arbeitsmarkt als Marke (Employer Branding) zu positionieren (Beck 2008). Wählt man auf der Eon-Website unter „Karriere" den Menü punkt „Arbeitswelt" aus, kommt man zu der folgenden bemerkenswerten Linkliste:

Beispiel: Eon-Website „Arbeitswelt"

- Unternehmenswert
- Personalstrategie
- Beschäftigungsbedingungen
- Mitarbeitereinbindung
- Arbeitssicherheit und Gesundheitsschutz
- Chancengleichheit
- Verantwortungsvolle Reorganisation
- Life Balance
- Ideen- und Wissensmanagement

Es zeigt sich am Beispiel von Eon, dass ganz spezifische Themen zur Bildung der „Marke Arbeitgeber" beitragen, die sehr stark im sozial-emotionalen Bereich angesiedelt sind, ebenso wie die Frage nach der „Einbindung der Mitarbeiter" oder dem Umgang mit der „Reorganisation". Auch wenn die Ergebnisse des Absolventenbarometers nicht überbewertet werden dürfen und die dort erkennbaren Präferenzen nicht auf Berufspraktiker mit Arbeits- und Lebenserfahrung übertragen werden dürfen, stellt sich doch die Frage: Können Mittelständler überhaupt mit Unternehmen mit einer Markt- und Kapitalkraft wie die eines Eon-Konzerns im Wettbewerb um Spitzenkräfte mit Aussicht auf Erfolg konkurrieren?
Wir meinen ja. Voraussetzung aber ist, dass mittelständische Unternehmen sich auf ihre spezifischen Eigenschaften und Fähigkeiten besinnen, die sie graduell von Publikumsgesellschaften unterscheiden, und diese nutzen, um sich stark am Arbeitsmarkt als „Marke Mittelstand" zu positionieren.

Die Arbeitgebermarke „Mittelstand"

Durch die Rolle der Banken und Konzerne bei der Entstehung der Finanz- und Wirtschaftskrise ist eine gesellschaftliche Glaubwürdigkeitslücke entstanden. Das bietet dem Mittelstand gute Möglichkeiten, als „Marke des Vertrauens" ein eigenstän-

diges Profil auf dem Arbeitsmarkt zu zeigen und qualifizierte Mitarbeiter zu halten und zu gewinnen.
Im Meinungsbild der Öffentlichkeit kamen schon vor der Finanz- und Wirtschaftskrise die großen Aktiengesellschaften und ihre Topmanager schlecht weg. Viele Entscheidungen und Verhaltensweisen von Vorständen und Aufsichtsräten vermitteln das Bild vom kaltschnäuzigen und raffgierigen Manager, der vor allem eins im Auge hat: seinen persönlichen Vorteil:

Beispiel: Manager vom Stamme „Nimm"

Ohne hier Namen zu nennen, gab und gibt es immer wieder Beispiele, wie die Shareholder von Aktiengesellschaften verprellt werden, wenn es exorbitante Gehaltssprünge im Vorstand trotz nachweislicher Managementfehler gibt, Bonuszahlungen trotz roter Zahlen erfolgen, Manager mit kurzer Verweildauer im Topmanagement die „Restlaufzeiten" ihrer Verträge intensiv für die persönliche Nutzenoptimierung verwenden – von der Abfindung bis hin zur Altersversorgung.

Gleichzeitig gab und gibt es Beispiele, wie massiv Stellen abgebaut werden, obwohl die Gewinne sprudeln. Zu diesem Szenario gehört auch die „Heuschreckendiskussion“, die das gesellschaftliche Unbehagen am wirtschaftlichen Geschehen noch weiter steigert.
Durch die Finanz- und Wirtschaftskrise ist das Vertrauen in die Unternehmensführung der „Global Player“ und ihres Managements bei „Laien“ wie auch bei den Akteuren selbst schwer in Mitleidenschaft gezogen worden. Gleichzeitig wird der Ruf nach glaubwürdigen Konzepten einer an Nachhaltigkeit und Kontinuität orientierten Unternehmensführung lauter.
Bei diesen Diskussionen in der Öffentlichkeit und in Fachkreisen fällt auf, dass der Mittelstand allseits gelobt wird und die Prinzipien und die Praxis von Familienunternehmen wiederentdeckt und beachtet werden. Verbirgt sich dahinter die romantische Rückwendung zum Handwerksidyll und patriarchalisch geordneten Kleinstrukturen in einer zunehmend unverstandenen globalen Wirtschaftsordnung? Wohl kaum! Die Fakten sprechen eine klare und nüchterne Sprache: Familienge-

führte mittelständische Unternehmen sind von zentraler Bedeutung für die Wirtschaft in Deutschland:

- Der Mittelstand repräsentiert 95 % aller Betriebe, vom kleinen Handwerksbetrieb mit fünf Mitarbeitern bis hin zu Unternehmen mit 500 Beschäftigten und einem Jahresumsatz um 50 Millionen.
- 3,3 Millionen mittelständische Unternehmen beschäftigen ca. 20,1 Millionen Mitarbeiter und Mitarbeiterinnen, das sind knapp 70 % aller Arbeitnehmer.
- Kleine und mittlere Unternehmen bilden 83 % aller Lehrlinge aus und erwirtschaften knapp die Hälfte der Bruttowertschöpfung in Deutschland (Kayser 2006).

Der Mittelstand ist nach Geschäftsart, Größe, Beschäftigungszahl und Umsatz sehr heterogen. Vom kleinen Handwerksbetrieb bis zum industriellen Großbetrieb findet sich alles. Das erschwert das Bemühen um ein eigenständiges „Branding", also eine „Markenbildung" in der Öffentlichkeit und auf den Personalbeschaffungsmärkten. Rund 70 % aller mittelständischen Betriebe bewegen sich in der Größenklasse bis zu fünf Mitarbeitern und ca. 90 % machen einen Jahresumsatz bis 1 Million Euro. In dieser Größenklasse befinden sich vor allem Freiberufler, die über spezielle berufsständische Rekrutierungswege verfügen, wie zum Beispiel die Steuerberater.
Vor allem ist in dieser Größenklasse aber das Handwerk anzusiedeln,

- das in seiner organisierten Form seit Jahren erhebliche Anstrengungen in der Nachwuchsgewinnung unternimmt und dabei an einer eigenen Markenbildung arbeitet,
- in dem die Handwerkskammern quasi eine Dachmarke bilden,
- in dem die Handwerksinnungen einerseits die Tradition der einzelnen Gewerke pflegen und zugleich versuchen, eine stärkere Dienstleistungsorientierung als Marke zu profilieren.

Wenn im Folgenden also von der Marke Mittelstand gesprochen wird, bezieht sich das vorwiegend auf knapp 10 % aller mittelständischen Betriebe nach der oben genannten Definition. Faktisch gehören aber auch die großen Familienunternehmen wie Falke (Strümpfe) mit einem Jahresumsatz von 600 Millionen Euro oder Claas (Mähmaschinen) mit 1,7 Milliarden Euro Jahresumsatz dazu, weil sie sich selbst als Familienunternehmen und als Mittelständler verstehen und bezeichnen.
Wir bewegen uns also mit unserem Versuch der Markenbildung im industriellen Mittelstand. Dabei lassen sich gerade in diesem Segment spezifische Markenmerkmale identifizieren.

Markenmerkmale der Stillen Stars

Die „Stillen Stars" in Deutschland sind mittlere und große mittelständische Unternehmen, die mit unauffälligen Produkten den Weltmarkt beherrschen. Überwiegend als Familiengesellschaften geführt, erbringen sie einen wichtigen Beitrag zur Leistungsbilanz des Landes, haben einen hohen Exportanteil und sind äußerst überlebensfähig.
Die folgende Tabelle zeigt einige Stillen Stars im deutschen Mittelstand.

Stille Stars	Produkte	Umsatz 2006 in €	Markt-Position
Becker Marine Systems	Schiffsruder	20 Mio.	Nr. 1 Welt
Winterhalter Gastronom	Spülsysteme	120 Mio.	Nr. 1 Welt
Brita	Tischwasserfilter	180 Mio.	Nr. 1 Welt
Tetra	Aquaristik	200 Mio.	Nr. 1 Welt
Prominent	Dosierpumpen	215 Mio.	Nr. 1 Welt
Karl Mayer Maschinen	Wirkmaschinen	423 Mio.	Nr. 1 Welt
Hauni Maschinen	Tabakverarbeitung	600 Mio.	Nr. 1 Welt

Stille Stars	Produkte	Umsatz 2006 in €	Markt-Position
Wirtgen Group	Straßenbau-maschinen	710 Mio.	Nr. 1 Welt
Enercon	Windräder	1,7 Mrd.	Nr. 3 Welt
Claas	Landmaschinen	1,9 Mrd.	Nr. 1 Welt

Abbildung 37: Beispiele für die Stillen Stars im Mittelstand nach Simon 2006

1990 hatte Hermann Simon die Erfolgsrezepte der Marktführer in Nischenmärkten, die „Hidden Champions" im Mittelstand, aufgespürt. In seiner Beratungspraxis hatte er seitdem die Entwicklung weiterverfolgt. Dabei ist er 2006 zu dem Ergebnis gekommen, dass die Globalisierung eher dazu beigetragen hat, dass die Stillen Stars – wie er sie heute nennt – auf dem Vormarsch sind und dass die folgenden Erfolgsrezepte ihre Wirkung behalten haben:

Merkmale der Stillen Stars	Beschreibung
Ziele und Visionen	Stille Stars beanspruchen die „psychologische" Marktführung, sie wollen die Nr. 1 sein.
Marktdefinition	Stille Stars definieren ihre Märkte eng. Sie entwickeln einzigartige Produkte, die sich ihre eigenen Marktnischen schaffen.
Globalisierung	Die enge Spezialisierung wird mit globaler Vermarktung kombiniert.
Kundennähe	Kundennähe ist der Dreh- und Angelpunkt der Marktführerstrategie.
Innovation	Innovation ist eines der Fundamente für Marktführerschaft. Viele „Stille Stars" haben als Pioniere ein völlig neues Produkt eingeführt und ihre Pionierstellung beibehalten.

Merkmale der Stillen Stars	Beschreibung
Wettbewerbs-vorteile	Heimliche Weltmarktführer agieren in oligopolistischen Märkten mit intensivem Wettbewerb. Wettbewerbsvorteile beruhen weniger auf Kostenvorteilen als auf Differenzierung.
Strategische Allianzen	Hohe Fertigungstiefe bei Kernkompetenzen ist besser als Outsourcing, denn so wird das Kern-Know-how geschützt und hoch qualifizierte Mitarbeiter werden an Bord gehalten.
Mitarbeiter	Stille Stars sind team- und leistungsorientiert, aber intolerant gegenüber Faulenzern.
Führungs-persönlichkeiten	Die Führungskräfte haben Energie, Willenskraft, Schwung und Autorität. Die durchschnittliche „Amtszeit" der Leiter von Stillen Stars beträgt mehr als 20 Jahre.

Abbildung 38: Die Erfolgsfaktoren der Stillen Stars nach Simon 2006

Markenmerkmale erfolgreicher Familienunternehmen

In einer Untersuchung der „Spitzenleistungen in Familienunternehmen“ (Böllhoff/Krüger/Bernie 2006) haben die Autoren die spezifischen Merkmale dieser „Gattung“ im Vergleich zu nicht familiengeführten Unternehmen untersucht. Sie haben dabei das Prinzip der „dynamischen Balance“ als Geheimnis der Unternehmensführung und als Markenmerkmal von Familienunternehmen im industriellen Mittelstand identifiziert.

Gegenüber einem „Defizitansatz“, nach dem sich Mittelständler in allen Bereichen an den Beispielen börsennotierter Publikumsgesellschaften orientieren sollen, wird in der Praxis deutlich, dass Unternehmen, wie zum Beispiel Katjes, Falke, Wempe oder Schmitz Cargobull, die sich selbst ausdrücklich als Familienunternehmen verstehen, durchaus zu Spitzenleistungen fähig sind.

Erfolgreiche Familienunternehmen verstehen es, eine „dynamische Balance“ herzustellen zwischen den wichtigsten Bezugspunkten der Unternehmensführung, wie sie in der folgenden Übersicht erläutert werden:

Dynamische Balance zwischen ...	Beschreibung
... Unternehmenswert und Werten	Risikobewusste Strategie der Nachhaltigkeit auf der Basis einer Familienstrategie.
... familiärer Gerechtigkeit und Unternehmensstabilität	Maßgeschneiderte Erbregelungen verhindern ein „Kaputtbesitzen" des Unternehmens durch Liquiditätsabfluss oder „Realteilung".
... Nischenpolitik und Marktführerschaft	Die Unternehmen siedeln sich häufig in Marktnischen an, erreichen dort aber häufig Weltmarktführerschaft.
... persönlicher Kundenbindung und Profi-Marketing	Auch wenn die „Großen" das Marketing professionalisieren, bleibt die persönliche Kundenbindung Chefsache und wird vom ganzen Unternehmen gelebt.
... Patriarchat und Mitarbeiterbeteiligung	Strategische Stellenstreichungen finden in Familienunternehmen nicht statt. Es wird lange geprüft, wie sanft und ohne personelle Härten gespart werden kann.
... Navigation und Intuition	Planung ja, aber die schnelle Reaktion auf Kundenwünsche lässt eine aufwendige strategische Planung in den Hintergrund treten. Intuition und „Bauchgefühl" werden ernst genommen.
... Privatvermögen und Fremdkapital	Die Finanzstruktur besteht aus einer Mischung aus Eigenkapital, notwendigem Fremdkapital und privatem Vermögen. Das erfordert eine umsichtige Finanzstrategie.
... Autonomie und Kooperation	Man bleibt so lange es geht autonom. Stehen größere Investitionen an, werden Beteiligungskapital und Kooperationen sehr gründlich geprüft.

Dynamische Balance zwischen ...	Beschreibung
... Tüftelei und systematischer Entwicklung	In der Tradition der „tüftelnden Gründer" bleibt man ein Entdecker-Unternehmen. Die Suche nach der Lösung von Kundenproblemen treibt an.
... lokaler Verbundenheit und globaler Orientierung	Man bekennt sich zu seinen lokalen und regionalen Wurzeln und stellt sich zugleich global auf.
... Eigennutz und gesellschaftlicher Verantwortung	Familienunternehmen unterstützen von jeher öffentliche und private Initiativen. Letztendlich sieht man die gesellschaftliche Verantwortung aber darin, Arbeitsplätze zu schaffen und zu erhalten.

Abbildung 39: Ursachen der Spitzenleistungen in Familienunternehmen nach Böllhoff/Krüger/Bernie 2006

Markenbildung – Employer Branding

Vergleicht man die Ergebnisse der beiden Studien, so ergeben sich einige Gemeinsamkeiten, die quasi den Kern der „Marke Mittelstand" darstellen. Demnach zeichnen sich erfolgreiche Mittelständler aus, durch

- eine langfristig angelegte, risikobewusste Unternehmensführung,
- ein hohes Maß an verlässlicher Kundenorientierung,
- kundengetriebene Innovation in Nischenmärkten,
- eine langfristige Mitarbeiterbindung mit sanfter Reorganisation.

Das Verhalten erfolgreicher Mittelständler lässt sich in einem Satz zusammenfassen: Sie bauen zu ihren wichtigsten Bezugsgruppen, den Kunden und den Mitarbeitern (aber auch zur Gesellschaft), Vertrauen auf. Und Vertrauen ist ein Mechanismus, der hilft, die soziale Komplexität zu reduzieren und wechselseitig Verlässlichkeit und Loyalität zu entwickeln.

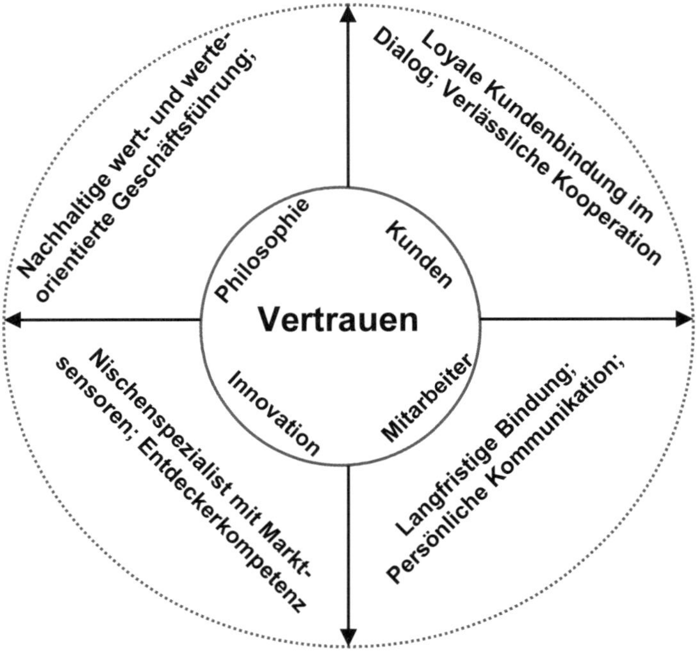

Abbildung 40: Markenkern der „Marke Mittelstand"

Damit ist ein Markenkern identifiziert, der helfen kann, den Mittelstand auf den Personalbeschaffungsmärkten erfolgreich gegenüber den Aktien- und Konzerngesellschaften zu positionieren, die in den letzten Jahren stark an Vertrauen in der Gesellschaft eingebüßt haben.

Was ist zu tun?

Zur Bindung und Gewinnung von Spitzenkräften für den Mittelstand werden im Folgenden konkrete Hinweise zur Markenbildung als „Arbeitgebermarke Mittelstand" (Employer Branding) gegeben.

1. Prüfen Sie, ob Ihr Unternehmen über Kernkompetenzen und Marktnischen verfügt, durch die es sich von anderen Betrieben unterscheidet.
2. Prüfen Sie, ob die Produkte und Dienstleistungen Ihres Unternehmens einen besonderen Markencharakter besitzen, mit dem es auf Personalbeschaffungsmärkten an Attraktivität gewinnen kann.
3. Prüfen Sie, welche Merkmale der Stillen Stars bzw. der familiären Spitzenleister auf Ihr Unternehmen zutreffen.
4. Prüfen Sie, inwieweit der Kern der „Marke Mittelstand" (vgl. Abbildung 40) für Ihr Unternehmen als Arbeitgeber Gültigkeit hat, und passen Sie diesen Markenkern den Gegebenheiten Ihres Unternehmens an.
5. Entwickeln Sie einen professionellen kommunikativen Auftritt für die Personalbeschaffungsmärkte (Flyer, Internetauftritt, Anzeigengestaltung usw.).
6. Nutzen Sie unterschiedliche Beschaffungsmärkte: Fachzeitschriften, Fachmessen, Job- und Absolventenmessen.
7. Sorgen Sie dafür, dass die Wirklichkeit mit den Ansprüchen der „Marke Mittelstand" in Ihrem Betrieb übereinstimmt durch:
   - interessante, fordernde Aufgaben,
   - Weiterbildungs-, Förder- und Aufstiegsmöglichkeiten,
   - eine Work-Life-Balance und
   - eine offene, vertrauensvolle Unternehmenskultur.
8. Prüfen Sie die Möglichkeit, durch besonders familienfreundliche Leistungen (Arbeitszeitmodelle, Babyzeiten, finanzielle Förderung) die Attraktivität Ihres Unternehmens für Arbeitnehmer zu steigern.
9. Pflegen Sie Ihr Personalportfolio (vgl. Kapitel „Runter von der Ergebnisbremse – Minderleistung"), um die Leistungskultur zu sichern, und sichern Sie die Leistungsstabilität der Mitarbeiter nach dem Modell des

magischen Dreiecks von „Sinn“, „Sicherheit“ und „Status“ (vgl. Kapitel „Dem Präsentismus-Phänomen begegnen – Motivation“).

10. Aus- und Weiterbildung von Mitarbeitern dienen der Sicherung eines gleichbleibenden Qualifikations- und Qualitätsniveaus. Bieten Sie aber nur passgenaue Weiterbildungsmaßnahmen an, die unter Kosten-Nutzen-Aspekten überprüft wurden, und stellen Sie den Lerntransfer in die Praxis sicher.
11. Prüfen Sie die Möglichkeiten zu einem Personalentwicklungsverbund mit anderen Mittelständlern in der Region in nicht wettbewerbssensiblen Bereichen.

Beispiel: MACH2 Personalentwicklungsverbund

MACH2 Personalentwicklung ist ein Modell, das darüber informiert, wie kleine und mittlere Unternehmen (KMU), die über keine eigene Abteilung für Personalentwicklung verfügen, eine systematische Personalentwicklung etablieren können: nämlich, indem sie einen Personalentwicklungsverbund gründen. Darüber hinaus klärt die Arbeitsgemeinschaft darüber auf, wie solche Unternehmen hauptamtliche Personalentwickler einstellen, die „ihre Unternehmen" beraten und mit Unterstützung eines Bildungswerkes die betriebliche Weiterbildung der Unternehmen realisieren. MACH2 ist der erste Personalentwicklungsverbund in Deutschland in der Rechtsform eines Vereins.

12. Prüfen Sie die Möglichkeit, ob Sie personelle Engpässe bei Fachkräften durch die Gewinnung älterer Mitarbeiter vermeiden können.

Beispiel: IT-Kräfte

Bevor im Jahr 2000 die sogenannte IT-Blase platzte und so manche hoch börsennotierte Luftnummer verflog, war auf dem Personalmarkt für Intranettechnologie der Teufel los. Die klugen Unternehmen, die den preistreiberischen ungesunden Wettbewerb um Fachleute nicht mitmachen wollten, erinnerten sich an die „Silberlocken", die mit 50 Jahren oder früher bei Siemens und anderen Großunternehmen mit einem „goldenen Handschlag" verabschiedet worden waren. Man heuerte sie an, brachte sie von ihrer

„Unix"-Wissensbasis auf den neusten Stand und verfügte auf diese Weise über Mitarbeiter, die weder geldgierig noch karrieregetrieben waren, die qualitätsbewusst und unaufgeregt ihre Arbeit machten und Kontinuität in die Firma brachten.

Beispiel: Telekom

Die Deutsche Telekom hat in den letzten Jahren einer Menge erfahrener Mitarbeiterinnen und Mitarbeitern ein Abfindungsangebot gemacht, das materiell einige Vorteile bot. Zu diesem Personenkreis gehören viele Techniker und Ingenieure, die so manche Technologieentwicklung mitgemacht haben, es verstehen in Projekten zu arbeiten und gegenüber unternehmenskulturellen Schwankungen dank ihrer Erfahrung Gelassenheit zeigen. In mittelständischen Strukturen, die dem Personal „Sinn", relative „Sicherheit" und einen angemessenen „Status" verleihen (vgl. Kapitel „Dem Präsentismus-Phänomen begegnen – Mitivation"), blühen diese Mitarbeiter auf und zeigen Höchstleistungen.

13. Prüfen Sie die Möglichkeit, ob Sie personelle Engpässe bei Fachkräften durch die Gewinnung von Frauen ausgleichen können. Heute sind Frauen zwar gleichberechtigte Akteurinnen auf dem Arbeitsmarkt, aber technisch-orientierte Berufe werden von ihnen nach wie vor seltener ergriffen als von Männern. Dabei handelt es sich sicher um ein längerfristiges gesellschaftliches Problem des Einstellungswandels auf mehreren Seiten. Kurzfristig können aber Betriebe durch gezielte Ansprache und Programme Frauen dazu bewegen, sich durch Aus- und Weiterbildung auch für technische Berufe qualifizieren zu lassen.

Beispiel: Phoenix Contact

Bei dieser Firma aus Blomberg, die in der elektronischen Verbindungstechnik arbeitet, finden regelmäßig „Frauenpowertage" und „Girls Days" statt, auf denen Mädchen und Frauen sich über Technik im Berufsalltag informieren können. Berufserfahrene Ingenieurinnen und Facharbeiterinnen demonstrieren ihnen den Einsatz von Technik (Olesch 2009).

14. Prüfen Sie die Möglichkeit, ob Sie personelle Engpässe bei Fachkräften durch die Gewinnung ausländischer Mitarbeiter ausgleichen können. Mittelständler in abgeschiedenen Teilen der Republik, denen zukünftig die Puste auszugehen droht, weil sie nicht über qualifiziertes Personal verfügen, müssen auch den Schritt auf den ausländischen Arbeitsmarkt machen. In Russland, in anderen ehemaligen Republiken der Sowjetunion, in den baltischen Staaten, aber natürlich auch in Indien gibt es qualifizierte junge Hochschulabsolventen, die auf eine Chance in Mitteleuropa warten. Allerdings muss der Arbeitgeber in Umzug und Unterbringung investieren und auch für die soziale und kulturelle Integration mit sorgen.

Über den Autor

Prof. Dr. Wolfgang Krüger

lehrt und forscht an der Fachhochschule des Mittelstands (FHM) in Bielefeld in den Bereichen Unternehmensführung, Personal und Organisation. Darüber hinaus trainiert er die Studierenden im Selbstmanagement und Selbstmarketing. Er arbeitete in leitender Position in der Bank- und Versicherungswirtschaft in Hannover, Bonn und Berlin und hat u. a. „Teams führen“, Haufe Verlag, 2009 (4. Auflage) verfasst. Mit der Dr. Krüger Managementberatung in Hannover ist der Autor auch als Berater, Trainer und Coach in der Wirtschaft tätig (www.krueger-beratung.de).

Literatur

ASG-Studie: Studie „Arbeit, Schulden, Gesundheit" des Instituts für Arbeits-, Sozial- und Umweltmedizin an der Johannes Gutenberg-Universität Mainz, Mainz 2008

Beck, Chr. (Hrsg.): Personalmarketing 2.0. Vom Employer Branding zum Recruiting, Köln 2008

Bein, H.-W.: Die fünfte Schicht. Wie ein großer Aluminiumhersteller in der Krise Mitarbeiter weiterbildet. In: Süddeutsche Zeitung vom 09.06.2009

Böhne, H.: Resultate statt Visionen. In: Personalwirtschaft 7/2007, S. 36–38

Böllhoff, Chr., Krüger, W., Bernie, M. (Hrsg.): Spitzenleistungen in Familienunternehmen, Stuttgart 2006

Boëthius, St.: Dienstliches Sorgentelefon: Hilfe für gestresste Mitarbeiter. In: Frankfurter Allgemeine Zeitung vom 10. 06.2009, S. B4

Drucker, P. F.: Dienstleister müssen produktiver werden. In: Harvard Business Manager 3/2005, S. 39–47

Elger, Chr. E.: Neuroleadership, Planegg/München 2009

Frankl, V. E.: Das Leiden am sinnlosen Leben, Wien 1987

Friedag, H. R., Schmidt, W.: Balanced Scorecard, Planegg/München 2002

Gemünden, H. G.: Personale Einflussfaktoren von Unternehmensgründungen. In: Achleitner, A.-K. u. a. (Hrsg.): Jahrbuch Entrepreneurship 2003/04, Berlin/Heidelberg 2004, S. 93–120

Häusel, H. G.: Brain View. Warum Kunden kaufen, Planegg/München 2008

Hölscher, R., Hornbach, Chr.: Unternehmenskrise: Entstehung und Symptome. Haufe ProFirma Professional Online, Stand: 30.12.2008

Kayser, G.: Daten und Fakten – Wie ist der Mittelstand strukturiert. In: Krüger, W. u. a. (Hrsg.): Praxishandbuch des Mittelstands, Wiesbaden 2006, S. 34–48

Krüger, W.: Teams führen, Planegg/München 2009

Lotter, W.: Goodbye, Johnny. Wie geht Leadership? In: Brand eins, Heft 2/2006, S. 50–59

Malik, F.: Führen, Leisten, Leben. Wirksames Management für eine neue Zeit. München 2005, S. 135–152

Nienhaus, L.: Manager im Stresstest, in: Frankfurter Allgemeine Sonntagszeitung vom 10.05.2009, S. 23

Paul, S.: Finanzdienstleistungen im Lebenszyklus mittelständischer Unternehmen. Sparkassenhistorischen Symposium, Münster 2004

Olesch, G.: Fachkräftemangel als Herausforderung. In: Kruse, O., Wittberg, V. (Hrsg.): Fallstudien zur Unternehmensführung, Wiesbaden 2009, S. 60–71

Pfläging, N.: Führen mit flexiblen Zielen. Beyond Budgeting in der Praxis, Frankfurt/Main 2008

Simon, H.: Was zeichnet die „Stillen Stars" im Mittelstand aus? In: Krüger, W. u. a. (Hrsg.): Praxishandbuch des Mittelstands, Wiesbaden 2006, S. 49–62

Soder, J.: Optimieren, optimieren, optimieren (Interview), in: Brand eins, Heft 3/2009, S. 74–77

Stein, Chr.: Führen ohne Ziele. In: Harvard Business Management 12/2007, S. 26–27.

von Cube, F.: Fordern statt verwöhnen, München 1992

Wertekommission – Initiative Wertebewusste Führung e.V., im Internet unter: www.wertekommission.de/wofuer-wir-stehen/sechskernwerte/, Stand: 10.07.2009